高职高专"十二五"规划教材

模拟电子技术项目化教程

主　编　常书惠　王平
副主编　李常峰　李翠　田铭

U0342586

北　京
冶金工业出版社
2015

内 容 简 介

本教材以高职高专培养高技能型人才为目标而编写。教材包含可调直流稳压电源的制作、声光电节电开关的制作、热敏电阻式温度传感器的制作、集成式扩音机的制作、音频信号发生器的制作和 Multisim 10 电路仿真 6 个项目化内容。每一个项目作为一个独立的教学单元，包含相对独立的理论知识和技能训练，将抽象难懂的理论知识与技能和实操融为一体，以提高学生的学习兴趣，更有利于培养学生的专业知识、专业技能和研发能力。

本教材为高职高专应用电子技术、电子信息工程、电气自动化技术、机电一体化技术等专业教学用书，也可供相关专业技术人员参考。

图书在版编目 (CIP) 数据

模拟电子技术项目化教程/常书惠，王平主编. —北京：冶金工业出版社，2015.8

高职高专"十二五"规划教材

ISBN 978-7-5024-6946-7

Ⅰ. ①模… Ⅱ. ①常… ②王… Ⅲ. ①模拟电路—电子技术—高等职业教育—教材 Ⅳ. ①TN710

中国版本图书馆 CIP 数据核字 (2015) 第 189401 号

出 版 人　谭学余
地　　址　北京市东城区嵩祝院北巷 39 号　邮编　100009　电话　(010)64027926
网　　址　www.cnmip.com.cn　电子信箱　yjcbs@cnmip.com.cn
责任编辑　贾怡雯　美术编辑　彭子赫　版式设计　葛新霞
责任校对　郑 娟　责任印制　李玉山
ISBN 978-7-5024-6946-7
冶金工业出版社出版发行；各地新华书店经销；三河市双峰印刷装订有限公司印刷
2015 年 8 月第 1 版，2015 年 8 月第 1 次印刷
169mm×239mm；10.25 印张；197 千字；156 页
26.00 元

冶金工业出版社　投稿电话　(010)64027932　投稿信箱　tougao@cnmip.com.cn
冶金工业出版社营销中心　电话　(010)64044283　传真　(010)64027893
冶金书店　地址　北京市东四西大街 46 号(100010)　电话　(010)65289081(兼传真)
冶金工业出版社天猫旗舰店　yjgycbs.tmall.com

(本书如有印装质量问题，本社营销中心负责退换)

前　言

"模拟电子技术"课程是电子信息和机电类各专业在电子技术方面必修的入门课程。本书是根据国家职业技能鉴定标准和电子产品生产一线的岗位要求，结合高职以能力培养为核心的教育目标编写的。本书分为6个项目，每个项目包括项目描述、项目链接和项目实施3个环节。前5个项目分别是可调直流稳压电源的制作、声光电节电开关的制作、热敏电阻式温度传感器的制作、集成式扩音机的制作和音频信号发生器的制作。项目描述环节对每一个小型电子产品功能和用途加以描述；项目链接环节打破了传统的模拟电子技术知识的框架，主要介绍相关知识；项目实施环节是通过元器件的识读与检测，制作和调试小型电子产品。第6个项目为Multisim 10电路仿真，通过实际电路的仿真测试介绍Multisim 10仿真软件的应用。学生在完成每个项目时，能通过有针对性的知识学习，完成相应的技能训练，同时加深对理论知识的理解和掌握。这样更加符合职业技能性课程的特点和学生认知学习的规律。

本书可作为高职高专电子、电气、通信、机电、自动化、计算机等专业的教材，也可供广大工程技术人员和电子技术爱好者参考。

本书由济南职业学院电子工程系常书惠、王平担任主编。济南职业学院李常峰、李翠，山东浪潮集团田铭担任副主编。全书由常书惠统稿。本书是济南职业学院"国家骨干高职院校"教材建设资助项目。

由于编者经验及知识水平有限，书中难免有疏漏和不足之处，诚请读者批评指正。

编　者
2015 年 6 月

目　录

项目1　可调直流稳压电源的制作 ……………………………………… 1

1.1　项目描述 …………………………………………………………… 1

1.1.1　项目学习情境 …………………………………………… 2

1.1.2　元器件清单 ……………………………………………… 3

1.2　知识链接 …………………………………………………………… 3

1.2.1　半导体二极管基本知识 ………………………………… 3

1.2.2　整流电路 …………………………………………………… 10

1.2.3　电容滤波电路 …………………………………………… 13

1.2.4　稳压电路 ………………………………………………… 15

1.3　项目实施 …………………………………………………………… 19

1.3.1　元器件的识读与检测 …………………………………… 19

1.3.2　可调直流稳压电源的制作 ……………………………… 26

复习思考题 ………………………………………………………………… 27

项目2　声光电节电开关的制作 ……………………………………… 30

2.1　项目描述 …………………………………………………………… 30

2.1.1　项目学习情境 …………………………………………… 30

2.1.2　元器件清单 ……………………………………………… 31

2.2　知识链接 …………………………………………………………… 32

2.2.1　半导体三极管 …………………………………………… 32

2.2.2　放大电路的组成和分析方法 …………………………… 39

2.2.3　共射极放大电路 ………………………………………… 42

2.2.4　稳定静态工作点的放大电路 …………………………… 46

2.2.5　共集电极放大电路 ……………………………………… 48

2.2.6　共基极放大电路 ………………………………………… 51

2.2.7　继电器 …………………………………………………… 53

2.2.8　光敏电阻 ………………………………………………… 55

2.2.9　晶闸管 …………………………………………………… 57

2.3　项目实施 …………………………………………………………… 60
　2.3.1　元器件的识读与检测 ……………………………………… 60
　2.3.2　声光控节能电灯的制作 ……………………………………… 65
复习思考题 ………………………………………………………………… 66

项目3　热敏电阻式温度传感器的制作 …………………………… 69

3.1　项目描述 …………………………………………………………… 69
　3.1.1　项目学习情境 ………………………………………………… 69
　3.1.2　元器件清单 …………………………………………………… 70
3.2　知识链接 …………………………………………………………… 70
　3.2.1　反馈的基本概念 ……………………………………………… 70
　3.2.2　反馈的判断 …………………………………………………… 72
　3.2.3　集成运放基本知识 …………………………………………… 75
　3.2.4　差分放大电路 ………………………………………………… 77
　3.2.5　集成运放电路的特性 ………………………………………… 81
　3.2.6　集成运放的基本应用 ………………………………………… 82
3.3　项目实施 …………………………………………………………… 84
　3.3.1　元器件的识读与检测 ………………………………………… 84
　3.3.2　热敏电阻式温度传感器的制作 ……………………………… 86
复习思考题 ………………………………………………………………… 87

项目4　集成式扩音机的制作 …………………………………………… 91

4.1　项目描述 …………………………………………………………… 91
　4.1.1　项目学习情境 ………………………………………………… 91
　4.1.2　元器件清单 …………………………………………………… 92
4.2　知识链接 …………………………………………………………… 93
　4.2.1　功率放大电路概述 …………………………………………… 93
　4.2.2　互补对称功率放大器 ………………………………………… 94
　4.2.3　甲乙类功率放大电路 ………………………………………… 99
　4.2.4　复合管功率放大电路 ………………………………………… 102
　4.2.5　集成功率放大电路 …………………………………………… 105
4.3　项目实施 …………………………………………………………… 106
　4.3.1　元器件的识读与检测 ………………………………………… 106
　4.3.2　集成扩音机的制作 …………………………………………… 107
复习思考题 ………………………………………………………………… 108

项目5　音频信号发生器的制作 ……………………………………………… 110

　5.1　项目描述 …………………………………………………………… 110

　　5.1.1　项目学习情境 …………………………………………………… 110

　　5.1.2　元器件清单 ……………………………………………………… 111

　5.2　知识链接 …………………………………………………………… 112

　　5.2.1　振荡电路的基本概念 …………………………………………… 112

　　5.2.2　RC 正弦波振荡电路 ……………………………………………… 113

　　5.2.3　RC 桥式振荡电路 ………………………………………………… 114

　　5.2.4　LC 正弦波振荡电路 ……………………………………………… 116

　　5.2.5　石英晶体振荡器 ………………………………………………… 121

　5.3　项目实施 …………………………………………………………… 123

　　5.3.1　元器件的识读与检测 …………………………………………… 123

　　5.3.2　音频信号发生器的制作 ………………………………………… 124

　复习思考题 ……………………………………………………………… 125

项目6　Multisim 10 电路仿真 ……………………………………………… 128

　6.1　项目描述 …………………………………………………………… 128

　　6.1.1　项目学习情境 …………………………………………………… 128

　　6.1.2　元器件清单 ……………………………………………………… 129

　6.2　知识链接 …………………………………………………………… 129

　　6.2.1　Multisim 10 的主窗口界面介绍 ………………………………… 129

　　6.2.2　Multisim 10 的元器件库及其使用 ……………………………… 130

　　6.2.3　Multisim 10 的虚拟仪器仪表的使用 …………………………… 139

　6.3　项目实施 …………………………………………………………… 143

　　6.3.1　桥式整流稳压电源仿真测试 …………………………………… 143

　　6.3.2　稳定静态工作点共射放大电路仿真测试 ……………………… 143

　　6.3.3　差动放大电路仿真测试 ………………………………………… 148

　　6.3.4　集成运算放大电路仿真测试 …………………………………… 150

　　6.3.5　低频功率放大器仿真测试 ……………………………………… 152

　复习思考题 ……………………………………………………………… 153

参考文献 ………………………………………………………………… 155

项目 1 可调直流稳压电源的制作

知识目标

(1) 掌握二极管单向导电性;

(2) 掌握桥式整流电路组成、工作原理和选管参数计算;

(3) 掌握电容滤波电路组成、工作原理和电容参数选择;

(4) 掌握集成电路 LM317 的电路组成和主要参数。

能力目标

(1) 能够正确认识使用的各种元器件;

(2) 能够使用仪器仪表检测元器件性能和质量好坏;

(3) 能够进行电路识图和电路分析;

(4) 能够按照电路进行元件组装;

(5) 能够进行调试和简单故障处理。

1.1 项目描述

直流稳压电源是提供稳定低压直流电的设备。直流稳压电源的应用遍布我们的生活,常用的笔记本电脑、MP3 等很多数码产品的电源充电器都是稳压电源,很多电子产品的外置电源也是稳压电源。根据应用需求的不同,直流稳压电源分为各类特性不同的电源产品。有可调直流稳压电源、多路直流稳压电源、高分辨率数控直流稳压电源、电压校准源、可编程电源等。在电子产品的研发和检测上,可调直流稳压电源应用广泛,它可以替代电池供电,并模拟各种供电状况,包括过压、欠压、标准电压等。

本项目涉及的是单相小功率(通常在 1000W 以下)可调直流稳压电源,它的作用是将 220V/50Hz 的交流市电转换为幅值稳定的直流电压,这种电源一般主要有四部分组成:变压器电路、整流电路、滤波电路和稳压电路。直流变压器组成框图如图 1-1 所示。

直流稳压电源各部分作用如下:

(1) 变压器电路。利用工频变压器,将电网电压变换为所需要的交流电压,一般采用降压变压器来实现。

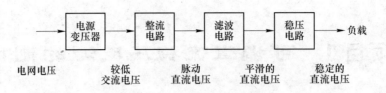

电网电压　　　较低　　　　脉动　　　　平滑的　　　稳定的
　　　　　　　交流电压　　直流电压　　直流电压　　直流电压

图 1-1　直流稳压电源组成框图

（2）整流环节。利用二极管或晶闸管的单向导电性，把交流电换为单一方向的脉动直流电，常采用二极管整流电路实现。

（3）滤波电路。将脉动直流电压中的脉动成分加以滤除，得到比较平滑的直流电压，常采用电容、电感或其组合电路来实现。

（4）稳压电路。在电网电压波动和负载变化时，保持直流输出电压的稳定，小功率稳压电源常采用集成三端稳压器来实现。

1.1.1　项目学习情境

本项目就是按照单相小功率直流稳压电源的基本组成，采用集成稳压方式制作一个 1.25~37V 可调直流稳压电源。图 1-2 所示为可调直流稳压电源电路图，输出直流电压调节范围在 1.25~37V 之间。该电路具有直流稳压电源的四部分，第一部分变压器使用降压变压器将 220V/50Hz 交流电降为 28V/50Hz 交流电；第二部分是采用常用的二极管桥式整流将低压交流电整流为脉动直流电；第三部分通过电容 C_1、C_2 对脉动直流电进行滤波，滤去其中高频和低频交流成分；第四部分稳压部分是通过三端集成稳压电路 LM317 实现稳压和可调输出电压功能。

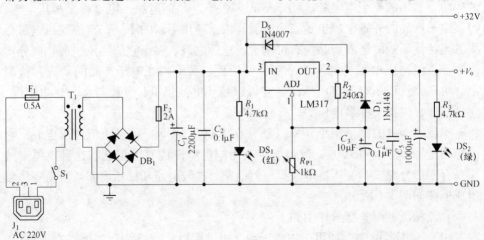

图 1-2　1.25~37V 可调直流稳压电源原理电路

1.1.2 元器件清单

图 1-2 所示可调直流稳压电源元器件清单见表 1-1。

表 1-1 可调直流稳压电源元器件清单

序号	元件代号	名称	型号及参数	数量
1	CT	电源线	5A，250V	1
2	S	电源开关	5A，250V	1
3	FU_1、FU_2	熔断器	0.5A、2A	2
4	T	变压器	220V，28V	1
5	DB_1（$V_1 \sim V_4$）	二极管	1N4007	4
6	C_1	电容器	2200μF，50V	1
7	C_2	电容器	0.33μF，63V	1
8	IC	集成稳压器	LM317	1
9	R_1	电阻器	100Ω，0.5W	1
10	R_{P1}	电位器	5.1kΩ，1W	1
11	C_3	电容器	10μF，50V	1
12	C_4	电容器	100μF，50V	1
13	V_5	二极管	1N4007	2

1.2 知识链接

1.2.1 半导体二极管基本知识

自然界的物质可以分为绝缘体、导体、半导体。不容易导电的物体称为绝缘体，如橡胶、玻璃、陶瓷、塑料、油等都是绝缘体。能够导电的物体称为导体，如金属、大地、石墨以及酸、碱、盐的水溶液都是导体。半导体，指常温下导电性能介于导体与绝缘体之间的材料，与导体和绝缘体相比，半导体材料均为四价元素，它们的最外层电子既不像导体那么容易挣脱原子核的束缚，也不像绝缘体那样被原子核束缚的那么紧，因而其导电性介于二者之间。

1.2.1.1 本征半导体

半导体分为纯净半导体和杂质半导体。纯净半导体也称本征半导体，本征半导体在光照和热刺激情况下，最外层价电子获得能量，挣脱共价键束缚而成为自由电子（同时产生一个空穴），这种现象称为本征激发。本征半导体的导电能力很差。

1.2.1.2 杂质半导体

在本征半导体中掺入微量的其他元素，就会使它的导电性能发生显著的变化，这种掺杂的半导体称为杂质半导体。按掺入杂质性质的不同，它可分为 N 型半导体和 P 型半导体两大类。

A　N 型半导体

在硅（或锗）本征半导体中掺入微量的五价元素，如磷（或锑）等，它就会形成 N 型半导体。由于掺入杂质的原子数与整个半导体的原子数相比，其数量非常少，半导体的晶体结构基本不变，只是晶格中某些硅（或锗）原子的位置被磷原子所代替。磷原子有 5 个价电子，其中 4 个价电子与相邻的 4 个硅原子的价电子形成共价键后，还多余一个价电子，这个多余的价电子虽不受共价键束缚，但仍受磷原子核正电荷的吸引，它只能在磷原子周围活动，不过它所受的吸引力比共价键的束缚作用要微弱得多，只要获取较小的能量就能挣脱磷原子的束缚，成为自由电子。可见硅半导体中每掺入 1 个磷原子，就产生 1 个自由电子。

在 N 型半导体中，除了掺杂产生自由电子外，其本身仍存在本征激发，而产生电子-空穴对。N 型半导体因掺杂而产生自由电子数比空穴数大得多，自由电子称为多数载流子（简称多子），而空穴称为少数载流子（简称少子）。N 型半导体以自由电子导电为主，又称电子型半导体。

当磷原子失去 1 个价电子后就成为正离子。它不能移动，不能参与导电。但它在产生 1 个自由电子的同时并不产生新的空穴，这是它与本征激发的不同点。图 1-3 所示为 N 型半导体载流子和杂质离子的示意图，用⊕表示带正电荷的离子（正离子）。

B　P 型半导体

在硅（或锗）本征半导体中掺入微量的三价元素，如硼（或铟）等，它就会形成 P 型半导体。由于硼原子只有 3 个价电子，当它取代半导体硅原子在晶格中的位置时，与周围 4 个硅原子的价电子组成的共价键，因缺少 1 个价电子，其中 1 个共价键内出现 1 个空穴，那么相邻共价键中的价电子，只要获得较小的能量，就能挣脱束缚，去填补这个空穴，使硼原子成为不能移动的负离子。原来硅原子的共价键因缺少 1 个电子而产生了空穴，可见硅半导体中每掺入 1 个硼原子，就会产生 1 个空穴。

控制掺入杂质的多少就可控制 P 型半导体中空穴的多少。此外，P 型半导体中也存在本征激发而产生少量的电子-空穴对。然而，在 P 型半导体中，空穴数比电子数要大得多，即空穴是多子，电子是少子。它的导电性主要取决于空穴数，又称它为空穴型半导体。图 1-4 所示为 P 型半导体载流子和杂质离子的示意图。用⊖表示杂质原子因提供了一个空穴而成为带负电荷的离子（负离子），它不能移动，不能参与导电。

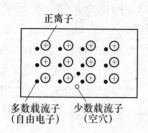
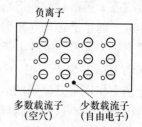

图1-3　N型半导体载流子和杂质离子示意图　　图1-4　P型半导体载流子和杂质离子示意图

1.2.1.3　PN结的形成

用掺杂工艺，在一块本征半导体的两边，掺以不同的杂质，使一边成为N型半导体，另一边成为P型半导体，则在两种不同类型的半导体的交界处就会形成一个特殊导电薄层，称为PN结。现结合图1-5来说明PN结的形成。

A　载流子的扩散运动和内电场的建立

在P型半导体中，有大量的空穴和少量的电子，而N型半导体中则相反，多数载流子是电子，少数载流子是空穴。P区中的空穴密度大于N区，而N区中的电子密度大于P区，如图1-5（a）所示。由于电子和空穴浓度差的原因，在交界处，便产生电子和空穴的扩散运动。靠近N区界面的电子向P区扩散，并与P区空穴复合，在N区界面处，剩下不能移动的正离子，形成一个正电荷层。同样，P区的空穴向N区扩散，并与N区的电子复合，在P区界面剩下不能移动的负离子，形成一个负电荷区。结果在PN结边界附近形成一个空间电荷区，边界的左边带负电，右边带正电。因此，在PN结中产生一个内电场，内电场的方向由N区指向P区，如图1-5（b）所示。空间电荷使交界面两侧的电中性被破坏，但是，空间电荷区以外的P区和N区仍呈电中性。

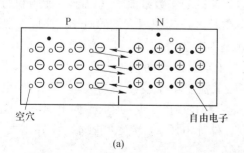
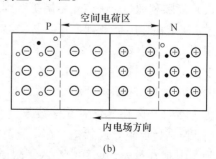

(a)　　　　　　　　　　　　　　　　　　(b)

图1-5　PN结的形成

（a）载流子的扩散运动；（b）PN结和它的内电场

B 内电场对载流子运动的作用

随着载流子扩散运动的进行，空间电荷区加宽，内电场加强，内电场的存在对空穴和电子的扩散运动起阻碍作用，P区带正电的空穴继续向N区扩散要受到电场的阻力，N区带负电的电子继续向P区扩散也要受到电场的阻力。另外，内电场又推动P区的少子（电子）向N区运动，N区的少子（空穴）向P区运动。这种在电场力作用下载流子的运动称为漂移运动。漂移运动的结果使空间电荷区变窄，内电场削弱，这样又将导致多子扩散运动的加强。所以，漂移运动与扩散运动是PN结中载流子运动的主要矛盾。

C PN结的形成

由以上分析可见，载流子在P区和N区的交界面同时发生着扩散运动和漂移运动。开始时，扩散运动占优势。随着扩散的进行，PN结的空间电荷区不断加宽，电场增强，电场引起的漂移运动也不断增强，当两者作用相等时，就达到了动态平衡。形成了一个宽度稳定的空间电荷区，这就是PN结。这时PN结中没有电流（从宏观看电流为零，并不意味着在任何时候都没有载流子流过PN结）。空间电荷区内缺少载流子，结内电阻率很高，因此PN结是个高阻区，因结内载流子很少，所以又常称为耗尽层。PN结很薄，一般为 $0.5\mu m$ 左右。

1.2.1.4 PN结的单向导电性

在了解了PN结内部载流子运动规律后，下面进一步分析PN结在外部电源作用下所表现出来的一个重要的特性，即单向导电特性。

A PN结外加正向电压

如图1-6（a）所示，给PN结加上正向电压，即外电源正极接P区，负极接N区。此时称PN结加正向偏置，简称正偏。由于外加电压在耗尽层中所建立的外电场与耗尽层中的内电场方向相反。从而削弱了空间电荷所产生的内电场，使空间电荷区变窄，有利于多数载流子的扩散运动，于是P区的多数载流子（空穴）能顺利通过PN结耗尽层扩散到N区，N区的多数载流子（电子）能顺利通过PN结耗尽层扩散到P区。扩散结果会在P区一侧积累大量的电子，N区一侧积累大量的空穴。这些积累的电子和空穴是不能久留的，P区一侧积累的自由电子向P区体内扩散，并和P区中多数载流子空穴复合而消失；而N区一侧积累的空穴向N区体内扩散，并和N区中多数载流子电子复合而消失。同时，外电源不断向P区和N区补充多数载流子（空穴和自由电子），形成正向电流 I_F，此时PN结呈低阻导通状态。在一定范围内，外加电压 U_F 越大，正向电流 I_F 越大。为了限制 I_F 过大，回路中串入了限流电阻 R。

B PN结外加反向电压

如图1-6（b）所示，如果给PN结外加一个反向电压，即外电源正极接N

区，负极接 P 区。此时称 PN 结加反向偏置，简称反偏。这时，外电场与内电场的方向一致，空间电荷区的电场增强。耗尽层的厚度比动态平衡时加宽，使多数载流子的扩散运动更难进行。

应当注意到，P 区和 N 区都有少数载流子（即指 P 区中的电子和 N 区中的空穴），空间电荷区的电场增强后却有利于少数载流子的漂移运动。此时流过 PN 结的电流，主要是少数载流子的漂移运动形成的，其方向由 N 区到 P 区，称为反向电流 I_R。当温度不变时，少数载流子的浓度不变，I_R 几乎不随外加电压而变化，故又称为反向饱和电流 I_S。在常温下，少数载流子的浓度很低，所以反向电流很小，PN 结呈高阻状态。

少数载流子是由本征激发（和温度有密切关系）产生的，所以 PN 结的反向电流是随温度而变化的。例如，当温度由 25℃ 增大到 95℃ 时，反向电流增大 100 倍。因此，制造和使用半导体器件时，必须考虑环境温度对半导体元件特性的影响这一重要因素。

由上面分析可知，PN 结正偏时呈导通状态，正向电阻很小，正向电流很大；PN 结反偏时呈截止状态，反向电阻很大，反向电流很小。这就是 PN 结的单向导电性。

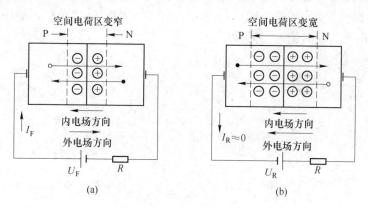

图 1-6 PN 结的单向导电性

（a）正向偏置；（b）反向偏置

1.2.1.5 半导体二极管

A 半导体二极管的结构和电路符号

以 PN 结为管芯，在结的两侧，即 P 区和 N 区均接上电极引线，并以外壳封装，就制成了半导体二极管。二极管内部结构和电路符号如图 1-7 所示。

B 半导体二极管的类型

二极管的分类方法很多，按半导体材料分为硅二极管、锗二极管、砷化镓二极管等。按 PN 结的结构分为点接触型、面接触型、平面型等。点接触型二极管

图 1-7 半导体二极管

(a) 结构；(b) 电路符号

的 PN 结结面积小，结电容小，可工作在高频或超高频范围，但它允许通过的正向电流也小；面接触型二极管的 PN 结结面积大，结电容大，只能工作在低频范围，但它允许通过的正向电流也大，可用作大功率整流电路；平面二极管常在数字电路中作开关用。按用途分为普通二极管、整流二极管、检波二极管、开关二极管、稳压二极管、变容二极管、发光二极管等。

C 半导体二极管的伏安特性

将二极管接成如图 1-8 所示电路，二极管阳极接电源正极，二极管阴极接电源负极，即二极管加正向电压，也称为正向偏置，简称正偏。将二极管接成图1-9所示电路，二极管阳极接电源负极，二极管阴极接电源负极，即二极管加反向电压，也称为反向偏置，简称反偏。

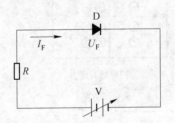

图 1-8 二极管接正向电压

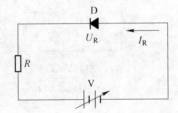

图 1-9 二极管接反向电压

a 正向特性

当二极管加正向电压时，硅管正偏电压 $u < 0.5V$ ，锗管 $u < 0.1V$ 时，$I_F \approx 0$，故称为死区，这个电压称为死区电压 U_{th}（或称为阈值电压、门槛电压），如图 1-10 中 OA 段所示。当正向电压大于死区电压，随着外加电压的增加，正向电流逐渐增大。当正向电压达到导通电压（硅管约为 0.7V，锗管约为 0.2V），电流迅速增大，曲线陡直上升，U_F 稍增大，I_F 显著增加（ U_F 增加 $60mV$ ，I_F 约增加十倍），这一段称为正向导通区，如图 1-10 中 BC 段所示。在这一区间二极管正向管压降基本恒定。在实际使用中，二极管正向导通就是工作在这一区间。

b 反向特性

二极管反向偏置时，有微小电流通过，称为反向电流。如图 1-10 中 OD 段，反向电流基本上不随反向偏置电压的变化而变化。这时，二极管呈现很高的反向电阻，处于截止状态，在电路中相当于开关处于关断状态。二极管的反向电流越小，表明二极管的反向性能越好。

c 反向击穿特性

当由 D 点继续增加反偏电压时，反向电流在 E 处急剧上升，这种现象称为反向击穿，发生击穿时的电压称为反向击穿电压 U_{BR}。各类二极管的反向击穿电压大小各不相同。普通二极管、整流二极管等不允许反向击穿情况发生，因二极管反向击穿后，电流不加限制，会使二极管 PN 结过热而损坏。

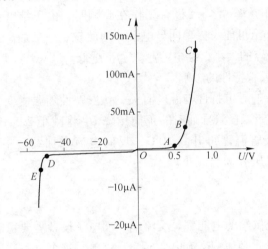

图 1-10 二极管的伏安特性曲线

d 二极管的伏安特性方程

根据理论分析，PN 结两端的电压 U 和流过 PN 结的电流 I 之间的关系可用下列方程表示

$$I \approx I_S(e^{\frac{U}{U_T}} - 1) \tag{1-1}$$

式中，I_S 为 PN 结的反向饱和电流；$U_T = \dfrac{kT}{q}$ 称为温度的电压当量，其中 k 为玻耳兹曼常数（1.38×10^{-23} J/K），T 为热力学温度，q 为电子电量（1.602×10^{-19} C），在常温（$T = 300K$）时，$U_T \approx 26mV$。

可见，当 $U = 0$ 时，$I = 0$；当正偏（$U > 0$）时，只要 U 大于 U_T 几倍，则 $I \approx I_S e^{\frac{U}{U_T}}$，$I$ 随 U 按指数规律变化；当反偏（$U < 0$）时，只要 $|U|$ 大于 U_T 几倍，则 $I \approx -I_S$，与外加电压 U 无关，且 I 的实际方向与参考方向相反。

e 半导体二极管的主要参数

二极管的特性除了用伏安特性曲线描述外，还可以用特定的参数来描述，它是合理选用和正确使用二极管的依据。二极管的主要参数有：

（1）最大整流电流 I_{FM}。它是二极管长期工作允许通过的最大正向平均电流，由 PN 结的面积和散热条件所决定，使用时不能超过此值，否则可能烧坏二极管。

（2）最高反向工作电压 U_{RM}。它是指允许加在二极管两端反向电压的最大值（峰值）。为安全起见，最高反向工作电压一般小于击穿电压的一半。

（3）反向电流 I_R。它是在室温下，二极管两端加上规定的反向电压时的反向电流，其值越小，二极管的单向导电性能越好。随温度升高而增加，在高温工作环境要特别注意。

（4）最高工作频率 f_M。二极管工作在高频时，由于结电容的存在，其单向导电性能变差，甚至可能失去单向导电性，为此规定一个最高工作频率。它主要决定于 PN 结结电容的大小，结电容越大，f_M 越低。

f　温度对二极管特性的影响

半导体二极管的导电特性与温度有关，伏安特性随温度变化而变化。通常温度升高 1℃，硅和锗二极管导通时的正向压降 U_F 将减小 2.5mV 左右。从反向特性看，半导体二极管温度每升高 10℃，反向电流增加约一倍。当温度升高时，二极管反向击穿电压 U_{BR} 会减小。

1.2.2　整流电路

由于电网系统供给的电能都是交流电，而电子设备需要稳定的直流电源供电才能正常工作，因此必须将交流电变换为直流电，这个过程称为整流。

1.2.2.1　单相半波整流电路

由于在一个周期内，二极管导电半个周期，负载只获得半个周期的电压，故称为半波整流。经半波整流后获得的是波动较大的脉动直流电。

A　电路组成

单相半波整流电路由整流二极管、电源变压器和用电负载组成，其中 L_1、L_2 为变压器初次级线圈，D 管为整流二极管，R_L 为负载电阻，如图 1-11 所示。

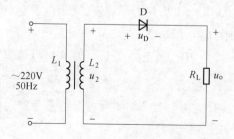

图 1-11　单相半波整流电路

B 电路分析

假设二极管为理想二极管，当 u_2 处于正半周时，二极管导通，流过的电流在负载上产生上正下负的输出电压 u_o；当 u_2 处于负半周时，二极管截止，电流为零，输出电压 u_o 为零。波形如图 1-12 所示。

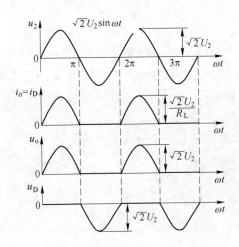

图 1-12 半波整流波形图

C 主要参数

（1）输出电压平均值

$$U_{O(AV)} = 0.45U_2 \tag{1-2}$$

（2）负载电流平均值

$$I_{O(AV)} = 0.45\frac{U_2}{R_L} \tag{1-3}$$

D 二极管的选择

根据流过二极管电流的平均值和它所承受的最大反向电压来选择二极管的型号。整流二极管流过的电流平均值 $I_D = I_{O(AV)}$，所以，选择半波整流二极管时，二极管最大整流电流 I_F 应满足

$$I_F \geqslant I_{O(AV)} \approx 0.45\frac{U_2}{R_L} \tag{1-4}$$

整流二极管在其截止的半个周期内，承受的反向电压最大值为 $\sqrt{2}U_2$。所以，二极管最高反向工作电压 U_{RM} 应满足

$$U_{RM} \geqslant \sqrt{2}U_2 \tag{1-5}$$

在实际应用中，二极管最大整流平均电流 I_F 和最高反向工作电压 U_{RM} 均应留 10% 的余量，以保障二极管安全工作。

1.2.2.2　单相桥式整流电路的原理

半波整流电路优点是使用元器件少，缺点是输出波形脉动大，直流成分小，电源利用率低。利用 4 个二极管工作的桥式整流电路可以改善半波整流电路的缺点。

A　单相桥式整流电路

电路基本组成如图 1-13 所示，由变压器 T、整流二极管 $D_1 \sim D_4$ 及负载电阻 R_L 组成。由图可以看出，二极管接成了桥式。在 4 个顶点中，相同极性接在一起的一对顶点接向负载 R_L，不同极性接在一起接向变压器次级绕组。

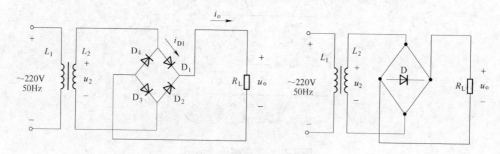

图 1-13　单相桥式整流电路

B　电路分析

设 $u_2 = \sqrt{2} U_2 \sin\omega t$。当变压器二次侧电压 u_2 为正半周时，即变压器二次侧绕组的电动势为上正下负，此时整流二极管 D_1、D_3 因正偏而导通，整流二极管 D_2、D_4 因反偏而截止，电流自上而下六个负载电阻 R_L，形成电压 u_o；当变压器二次侧电压 u_2 为负半周时，即变压器副边绕组的电动势为上负下正，此时整流二极管 D_1、D_3 因反偏截止，整流二极管 D_2、D_4 正偏而导通，电流自上而下流过负载电阻 R_L，形成电压 u_o，如图 1-14 所示。

C　负载上的直流电压和直流电流的计算

负载上的直流电压和直流电流为

$$U_{O(AV)} = 0.9 U_2 \tag{1-6}$$

$$I_{O\ (AV)} = \frac{U_{O(AV)}}{R_L} = 0.9 \frac{U_2}{R_L} \tag{1-7}$$

D　整流二极管的选择

在单相桥式整流电路中，每只二极管只在变压器副边电压的半个周期通过电流，所以，每只二极管的平均电流只有负载电阻上电流平均值的一半。所以，管子最大整流电流 I_F 应满足

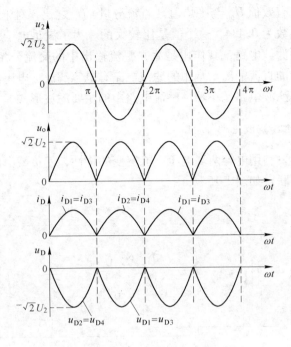

图 1-14 相桥式整流电路波形图

$$I_F \gg I_{O\ (AV)} \approx 0.45 \frac{U_2}{R_L} \qquad (1-8)$$

二极管在截止时所承受的最高反向电压就是 u_2 的最大值，所以，二极管的最高反向工作电压应满足

$$U_{RM} \geqslant \sqrt{2}\,U_2 \qquad (1-9)$$

选择二极管时，所选管子的最大整流电路和最高反向工作电压，均应留有 10% 的余量，以保证二极管安全工作。单相桥式整流电路的直流输出电压较高，输出电压的脉动较小，而且电源变压器在正、负半周都有电流供给负载，变压器得到了充分利用，效率较高。因此，这种电路获得了广泛应用。

E 单相桥式整流电路的特点

单相桥式整流效率高，变压器结构简单，输出脉动小。整流二极管数量多，电路连接复杂，容易出错。为解决这一问题，生产厂家常将整流二极管集成在一起构成桥堆。

1.2.3 电容滤波电路

经整流后的输出电压，除了含有直流分量外，还含有较大的谐波分量，这些谐波分量总称为纹波。常用纹波系数 K_r 来表示输出电压中的纹波大小，它定义为输出电压交流有效值 U_{or} 与平均值（直流分量）U_o 之比。对于性能优良的桥式整流电路纹波系数为 0.484，这个值是比较大的。为了满足电子设备正常工作的需要，必须采用滤波电路，其作用是滤去整流输出中的交流分量，即减小纹波，以便得到较平滑的直流输出。常用的滤波电路有电容滤波、电感滤波及复式滤波电路，其中电容滤波电路是小功率整流电路中的主要滤波形式。

1.2.3.1　电容滤波电路

电容滤波主要利用电容两端电压不能突变的特性，使负载电压波形平滑，故电容应与负载并联，如图 1-15 所示。

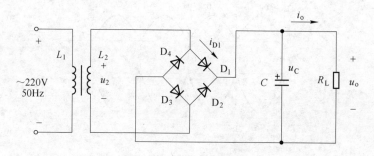

图 1-15　电容滤波电路

1.2.3.2　电路分析

假定电容两端初始电压为零，接通电源时，u_2 由零开始上升，整流二极管 D_1、D_3 因正偏而导通，D_2、D_4 因反偏而截止，电源在向负载 R_L 供电，同时向电容 C 充电。由于充电回路的电阻很小（变压器二次绕组的直流电阻和二极管的正向电阻均很小），故充电时间常数很小，充电速度快，电容两端电压 u_c 和 u_2 同步变化达到峰值电压 $\sqrt{2}U_2$ 后，u_2 下降，当出现 $u_2 < u_c$ 时，四个整流管截止，电容 C 通过 R_L 放电，由于放电时间常数 CR_L 较大，u_c 缓慢下降。当 u_2 负半波的绝对值增加到 $|u_2| > u_c$ 时，整流二极管 D_2、D_4 因正偏而导通，D_1、D_3 反偏截止，电源又向电容 C 充电。当 u_2 负半周达到峰值时，C 两端的电压也达到 $\sqrt{2}U_2$。如此周而复始进行充、放电，得到电容两端电压 u_c（即输出电压）波形。该波形比没有滤波时平滑得多，说明输出电压纹波系数减小很多，达到了滤波的目的。如图 1-16 所示。

1.2.3.3　滤波电容的选择

为了得到平滑的负载电压，滤波电容器按下式选取

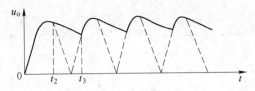

图 1-16　桥式整流电容滤波波形图

$$C \geqslant (3 \sim 5) \frac{T}{2R_L} \tag{1-10}$$

式中，T 是交流电源电压的周期。

　　二极管的导通角很小，因此，二极管中的电流是脉冲波，流过二极管的瞬间电流很大。所以，在选择整流二极管时，应该对最大整流电流 I_F 留有充分余量，以保证二极管的安全。

$$I_F = (2 \sim 3) \frac{U_L}{2R_L} \tag{1-11}$$

1.2.4　稳压电路

　　交流电经过整流滤波后，可得到较平滑的直流电压。但是，当电网电压波动或负载变化时，其输出直流电压仍将随之改变，因此，为了获得电子设备所需要的稳定直流电源，还需将整流滤波电路的输出电压输入到稳压电路进行稳压。

1.2.4.1　硅稳压电路及稳压原理

A　稳压电路

　　当稳压管工作于反向击穿状态时，只要反向电流不超过极限电流 I_{ZM} 和极限功耗 P_{ZM}，稳压管是不会损坏的。从反向特性可知，反向电流 ΔI_Z 在较大范围内变化时，稳压管两端的电压变化 ΔU_Z 很小，故具有稳压性能。由硅稳压管组成的稳压电路，R 起限流作用。由于负载 R_L 与用作调整元件的稳压管 D_Z 并联连接，故又名并联型稳压电路，如图 1-17 所示。

B　电路分析

a　电网电压变化时的稳压过程

　　当负载 R_L 不变，电网电压变化时的稳压过程。此时，若电网电压升高，整流滤波后的直流电压 U_I 也随之增加，立即引起输出电压 U_O 也即稳压管电压 U_Z 升高，则 I_Z 随之大大增加。这样，电阻 R 上的压降 $U_R = (I_O + I_Z)R$ 也增加，导致 U_O 下降，接近原有值并趋于稳定。其稳压机理是将 ΔU_I 的增量降落在 R 上，这是由于 ΔI_Z 在起调节作用。

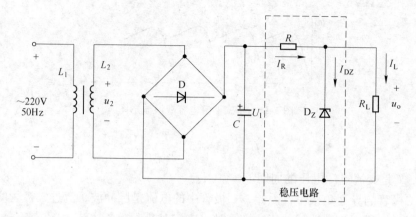

图 1-17   硅稳压管稳压电路

b   负载变化时的稳压过程

当电网电压不变，负载变化时的稳压过程。这时若负载电阻 R_L 减小，立即引起 I_O 和 I_R 增加，使 U_O 即 U_Z 减小，则 I_Z 随之大大减小，使 I_R 和 U_R 减小，导致 U_O 回升，接近原有值趋之稳定。这种稳压机理是将 ΔI_O 的增量等值转为 ΔI_Z 的减小量，使 I_R 和 U_R 近于维持不变。由此可知，空载时，原有 I_O 全转移到 I_Z。故 ΔI_O 变化的最大量为 $I_{ZM} - I_Z$，约为几十毫安，因此负载不能变化太大。

c   硅稳压电路参数计算

电路设计时，可按下列步骤和方法估算参数。

（1）稳压管的选择。一般选用稳压管型号主要依据参数为 U_Z、I_Z。常取

$$U_Z = U_O \tag{1-12}$$

$$I_{ZM} = (1.5 \sim 3) I_{O(max)} \tag{1-13}$$

（2）输入电阻 U_I 的确定。

$$U_I = (2 \sim 3) U_O \tag{1-14}$$

（3）限流电阻 R 的计算。由于 $I_Z = \dfrac{U_I - U_O}{R} - I_O$，而 U_I 随电网电压允许有 $\pm$ 10%的变化，因此，当 U_I 最大和 I_O 最小时，I_Z 处于最大，此时，要求限流电阻 R 不能太小，应保证 I_Z 不超过极限值 I_{ZM}；而当 U_I 最小和 I_O 最大时，I_Z 处于最小，此时，要求限流电阻 R 不能太大，应保证 I_Z 不小于起始温度电流 I_Z。从以上这些关系看，R 取值应满足

$$\frac{U_{I(max)} - U_O}{I_{ZM} + I_{O(min)}} \leqslant R \leqslant \frac{U_{I(min)} - U_O}{I_Z + I_{O(max)}} \tag{1-15}$$

限流电阻的功率为

$$P_R \geqslant \frac{(U_{I(max)} - U_O)^2}{R} \tag{1-16}$$

硅稳压管稳压电路所用元器件少，电路简单，但稳压性能差，稳压值取决于稳压管的 U_Z ，且不能任意调节，输出功率小。一般适用于电压固定、负载电流较小的场合。

1.2.4.2 集成稳压电路

集成稳压电路具有体积小、质量轻、可靠性高、使用方便等一系列优点，因而得到广泛应用，它已逐渐取代由分立元件组成的稳压电路。

集成稳压器是稳压电源的核心。根据对输入电压变化过程的不同，可划分为线性集成稳压器和开关式集成稳压器。根据输出电压可调性可分为：

固定式稳压器，它的输出端电压是固定的。

可调式稳压器，这类器件外接元件可使输出端电压能在较大范围内调节。按引脚数量划分为三端式和多端式。本项目介绍线性三端式集成稳压器及它的应用。

A 固定式线性集成稳压器

a 三端固定式稳压器的分类

三端固定式线性集成稳压器有输出正电压的 7800 系列和输出负电压的 7900 系列。三端固定式稳压器输出电压与 5V、6V、9V、12V、15V、18V、24V 七种。例如，LM7805/CW7005 为三端固定式集成稳压器，输出电压为+5V，最大输出对电流为 1.5A。7800 系列、7900 系列装上足够大的散热器后，耗散功率可达 15W。

b 三端固定式集成稳压器的管脚排列

三端固定式集成稳压器封装及管脚排列。如图 1-18 所示。

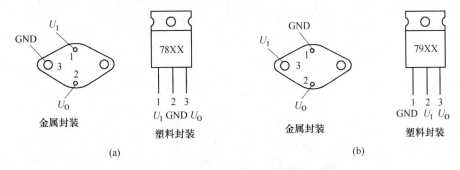

图 1-18 三端固定式稳压器封装及管脚排列

（a）78 系列；（b）79 系列

c 固定电压输出电路

可以利用 78 系列和 79 系列制作输出正、负电压的电路。用三端固定式的输出固定正、负电压电路如图 1-19 所示。其中 C_1 为抗干扰电容，用以旁路在输入导线过长时引入的高频干扰脉冲；C_3 为滤波电容；C_2 具有改善输出瞬态特性和防止电路产生自激振荡的作用；所接二极管 D_5 对稳压器起保护作用。如不接二极管，当输入端短路且 C_2 容量较大时，C_2 上的电荷通过稳压器内电路放电，从而保护了稳压器。

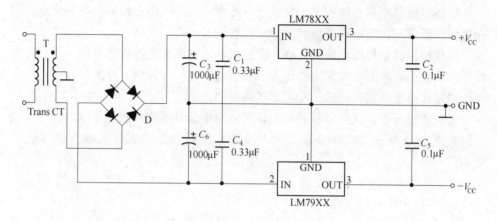

图 1-19 输出正、负固定电压电路

B 三端可调式集成稳压器

a 三端可调式集成稳压器的分类

三端可调式集成稳压器输出电压可调，且稳压精度高，输出纹波小，只需要外接两只不同的电子，即可获得各种输出电压。它可分为三端可调正电压集成稳压器和三端可调负电压集成稳压器。三端可调式集成稳压器产品分类见表 1-2。

表 1-2 三端可调式集成稳压器产品分类表

类 型	产品系列或型号	最大输出电流/A	输出电压/V
正电压输出	LM117L/217L/317L	0.1	1.2~37
	LM117M/217M/317M	0.5	1.2~37
	LM117/217/317	1.5	1.2~37
	LM150/250/350	3	1.2~37
	LM318/238/338	5	1.2~37
	LM196/396	10	1.25~15

类　型	产品系列或型号	最大输出电流/A	输出电压/V
负电压输出	LM137L/237L/337L	0.1	−1.2~−37
	LM137M/237M/337M	0.5	−1.2~−37
	LM137/237/337	1.5	−1.2~−37

b　三端可调式集成稳压器基本应用电路

三端可调式集成稳压器基本应用电路以 LM317 为例，电路如图 1-20 所示。该电路为输出电压 1.2~37V 连续可调，最大输出电流为 1.5A。它的最小输出电流由于集成电路参数限制，不得小于 5mA。LM317 的输出与调整之间电压 U_{REF} 固定在 1.2V，调整端（ADJ）的电流很小且十分稳定（50μA），因此输出电压

$$U_O = 1.2\left(1 + \frac{R_2}{R_1}\right)\text{V} \tag{1-17}$$

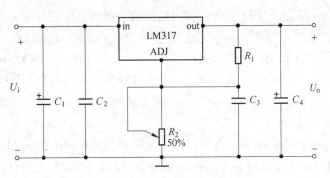

图 1-20　三端可调式集成稳压电路

1.3　项目实施

1.3.1　元器件的识读与检测

1.3.1.1　电阻器的识读与检测

A　电阻器实物

电阻器是电子、电气设备中最常用的基本元件之一。电阻器实物图及电路符号如图 1-21 所示。

B　电阻器常用标识法

电阻器常用标识法有三种。第一种是直标法，即用阿拉伯数字和单位符号在电阻器的表面直接标出标称电阻值和允许偏差。其优点是直观，易于读取，该方法主要用于功率比较大的电阻器。

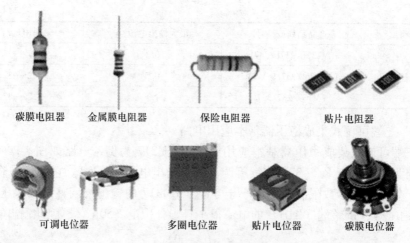

碳膜电阻器　　金属膜电阻器　　　　保险电阻器　　　　贴片电阻器

可调电位器　　　　　　　多圈电位器　　贴片电位器　　碳膜电位器

图 1-21　电阻器实物图

　　第二种标示法是文字符号法，即用阿拉伯数字和字母符号按一定规律的组合表示标称电阻及允许偏差，其优点是认读方便、直观、可提高数值标记的可靠性。两位数码，如 15 表示 100000Ω；三位数码，如 103 表示 10000Ω。前面的数字表示有效数字，末位数字表示零的个数。这种标注方法在贴片电阻器上广泛采用。文字标注法规定，用于电阻值时，字母符号表示小数点的位置和电阻值单位，如 2K7 表示 2.7kΩ。

　　第三种标示法是色标法，即用色环在电阻器表面标出电阻值和允许误差，颜色规定见表 1-3，其特点是标志清晰，不易于混淆。色标法又分为四色环色标法和五色环色标法，普通电阻器大多采用四色环色标法标注。四色环的前两条色环表示电阻值的有效数字，第三条色环表示电阻值倍率，第四条色环表示电阻值允许误差范围，精密电阻器大多采用五色环标注，前三条色环表示电阻值的有效数字，第四色环表示电阻值倍率，第五色环表示允许误差范围。色标法的标注如表 1-3 所示。

表 1-3　电阻色标标注法

颜色	有效数字	倍率	允许误差
棕色	1	10^1	±1%
红色	2	10^2	±2%
橙色	3	10^3	
黄色	4	10^4	
绿色	5	10^5	±0.5%
蓝色	6	10^6	±0.2%

颜色	有效数字	倍率	允许误差
紫色	7	10^7	±0.1%
灰色	8	10^8	
白色	9	10^9	±50%~±20%
金色		10^{-1}	±5%
银色		10^{-2}	±10%
无色			±20%

C　电阻器的检测

使用电阻器前,首先要检测电阻器的好坏,然后再测它的阻值。测量电阻时一般采用万用表的欧姆挡来进行。测量前,应将万用表调零。例如将万用表置于 $R×10\Omega$ 挡,将红、黑两根表笔短接,使表头指针阻值为零。然后用表笔接被测电阻器的两个引出脚,此时将表头指针偏转的指示值乘 10,即为被测电阻器的阻值。若指针不动或偏转较小,则可将万用表换到 $R×10\Omega$ 挡,并重新调零再测量,此时若指针仍不摆动,则表示电阻器内部已断开,不能使用。

测量时应注意,手不能同时接触被测电阻器的两根引出脚,以免人体电阻影响测量的准确性。若测量电路板上的电阻器,则必须将电阻器的一端从电路中断开,以防电路中的其他元器件影响测量结果。

1.3.1.2　电容器的识读与检测

A　电容器的认识

常用电容器实物及图形符号如图 1-22 所示。

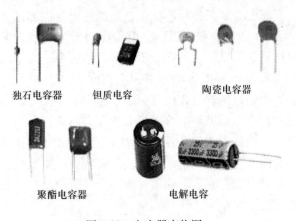

独石电容器　　钽质电容　　　　陶瓷电容器

聚酯电容器　　　电解电容

图 1-22　电容器实物图

B　电容器容量常用标注方法

电容器容量常用的标注方法有以下五种。

（1）直标法。直标法是将标称容量及偏差直接标注在电容体上，如 2200μF/25V。

（2）数字表示法。数字表示法是只标数字不标单位。采用此法仅限单位为 pF 和 μF 的两种电容器。例如，对于电解电容，1、220 则分别表示 1μF、220μF。

（3）数字字母法。数字字母法是在容量单位标识前面标出整数，后面标出小数。例如 1p5 表示 1.5pF，6n8 表示 6800pF，4μ7 表示 4.7μF，1m5 表示 1500μF。

（4）数码法。前面的数字表示有效数字，末位数字表示 10 的幂指数，单位一般为 pF。例如 103 表示 10^3pF，224 表示 $22 \times 10^4 \text{pF}$。

（5）色标法。这种标识方法与电阻器的色环法类似，将不同颜色涂于电容器的一端或从顶端向引线排列。一般只有三种颜色，前两环表示有效数字，第三环表示倍率，单位为 pF。有时色环较宽。如红-红-橙表示 22000pF。

C　电容的检测

用指针式万用表的电阻挡测量电容，只能定性判断电容的漏电程度以及容量是否衰退、是否变值，而不能测出电容的标称静电电容量。要测量标称静电电容量，可使用带有电容测量功能的数字万用表，下面只介绍指针式万用表判别电解电容好坏的方法。

将万用表的电阻挡调到 $R \times 1k\Omega$ 挡或 $R \times 10k\Omega$ 挡，用表笔接触电容器的两个端子，表针先向 0Ω 方向摆动，当达到一个很小的电阻读数后便开始反向摆动，最后慢慢停留在某一个大阻值读数上，电容量越大，表针偏转的角度应当越大，指针返回得也应当越慢。如果指针不摆动，则说明电容内部已击穿短路；如果表指针摆向 0Ω 或靠近 0Ω 后能慢慢返回，但不能回到摆到接近无穷大的读数，则表明电容存在较严重的漏电，且回摆指示的电阻值越小，漏电就越严重。由于电解电容本身就存在漏电，所以表针不能完全指向无穷大，而是接近无穷大的读数，这是正常的。由于万用表打在电阻挡时，黑表笔连接内部电池的正极，红表笔连接内部电池的负极，而电解电容都是有极性的电容，所以用万用表测量耐压低的电解电容时，应当将黑表笔连接到电容的正极，红表笔连接到电容的负极，以防止电容被反向击穿。再次测量之前，应先将电容短路放电，否则将看不到电容的充放电现象。如果没有充放电现象，或终值电阻很小，或表针的偏转角度很小，则都表明电容已不能正常工作。

对于容量很小的一般电容器，用模拟式万用表只能判断是否发生短路，无法判断电容是否开路。所以在故障维修时，如果怀疑某电容有问题，其一，可使用带有电容测量功能的数字万用表进行测试，其二，采用替换法，用一个新电容进行替换，若故障现象消失，则可确定原电容有问题。

1.3.1.3 变压器的识读与检测

A 变压器实物

常用变压器实物图形如图 1-23 所示。

图 1-23 变压器实物图

B 变压器的检测

用万用表测量变压器是最简单的方法。测量时，将万用表选在 $R \times 1\Omega$ 挡或 $R \times 10\Omega$ 挡，把表笔分别截止原边线圈的两端。若表针指示电子值为无穷大，则说明线圈短路；若电阻值接近于零，则说明线圈正常；若电阻值为零，则说明线圈短路。之后把一只表笔接原边线圈，另一只表笔接副边线圈，电阻值应为无穷大，否则，说明原边线圈和副边线圈之间存在短路。

1.3.1.4 二极管的识读与检测

A 二极管实物

二极管实物图如图 1-24 所示。

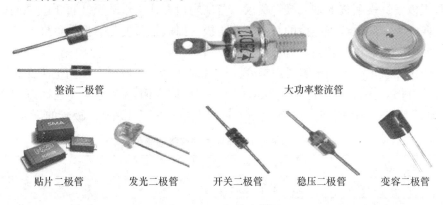

整流二极管   大功率整流管

贴片二极管 发光二极管 开关二极管 稳压二极管 变容二极管

图 1-24 二极管实物图

B 二极管的标注

二极管的外壳上均印有型号和标记。标记方法有箭头、色点、色环三种，靠近色环的一端为二极管的负极，有色点的一端为正极。

C 二极管的型号和命名方法

国家标准规定，国产半导体器件的型号由五部分组成，对于二极管型号和各组成部分的符号及意义见表1-4。

表 1-4 二极管型号和命名方法

第一部分		第二部分		第三部分				第四部分	第五部分
用阿拉伯数字表示器件电极数目		用汉语拼音字母表示器件的材料和极性		用汉语拼音字母表示器件类型				用阿拉伯数字表示序号	用汉语拼音字母表示规格号
符号	意义	符号	意义	符号	意义	符号	意义		
2	二极管	A	N 型锗材料	P	普通管	Z	整流管		
		B	P 型锗材料	V	微波管	S	隧道管		
		C	N 型硅材料	W	稳压管	N	阻尼管		
		D	P 型硅材料	K	开关管	U	光电器件		

D 二极管的检测

a 指针式万用表测试二极管极性

利用指针万用表 $R \times 1k\Omega$ 挡可判断其正、负极。测量时将两支表笔分别接二极管的两个电极，依次测出正向电阻和反向电阻。若测出的电阻值为几百欧至几千欧（对于锗二极管为 $100\Omega \sim 1k\Omega$），说明是正向电阻，这时黑表笔接的是二极管正极，红表笔接的是二极管负极。若电阻值在几十千欧至几百千欧之间，即为反向电阻，此时红表笔接的是二极管正极，黑表笔接的是二极管负极。

b 指针式万用表判别二极管性能

通过测量正、反向电阻可以检查二极管的好坏。一般要求反向电阻比正向电阻大几百倍。换言之，正向电阻越小越好，反向电阻越大越好。选择万用表的 $R \times 1k\Omega$ 挡先分别测出正、反向电阻，再对照表1-5即可判断二极管的好坏。

表 1-5 用 $R \times 1k\Omega$ 挡检查二极管质量的好坏

正向电阻	反向电阻	二极管好坏
一百欧至几千欧	几十千欧至几百千欧	好
0	0	短路损坏
∞	∞	开路损坏

正向电阻	反向电阻	二极管好坏
正向电阻变大		单向导电性变差
	反向电阻变小	
正、反向电阻比较接近		二极管失效

对于小功率检波二极管，最好选择万用表的 $R \times 10\Omega$ 挡。该挡欧姆中心值较低，能向被测管提供几毫安的正向电流，与检波二极管的额定工作电流比较接近，使测量结果更具有代表性，而又不会损坏极管。

c 数字式万用表判别二极管极性

将数字万用表拨至二极管挡，此时红表笔带正电，黑表笔带负电。用两支表笔分别接触二极管的两个电极，若显示在 1V 以下，说明二极管处于正向导通状态，红表笔接的是正极，黑表笔接的是负极。若显示溢出符号"1"，证明二极管处于反向截止状态，黑表笔接的是正极，红表笔接负极。在测试极性的基础上，为进一步确定二极管质量的好坏，应交换表笔再重测一次。若两次均显示"000"，证明二极管已击穿短路。两次都显示溢出符号，说明二极管内部开路。

d 区分硅二极管与锗二极管的方法

硅二极管的正向导通压降 U_F 为 0.55 ~ 0.7V，锗二极管则为 0.15 ~ 0.3V。根据正向导通压降的不同，可区分硅二极管和锗二极管。

1.3.1.5 LM317 的识读与检测

A LM317 的认识

LM117/LM317 是美国国家半导体公司的三端可调正稳压器集成电路。LM117/LM317 的输出电压范围是 1.2~37V，负载电流最大为 1.5A。它的使用非常简单，仅需两个外接电阻来设置输出电压。此外它的线性调整率和负载调整率也比标准的固定稳压器好。LM117/LM317 内置有过载保护、安全区保护等多种保护电路。通常 LM117/LM317 不需要外接电容，除非输入滤波电容到 LM117/LM317 输入端的连线超过 6 英寸（约 15mm）。使用输出电容能改变瞬态响应。调整端使用滤波电容能得到比标准三端稳压器高得多的纹波抑制比。LM117/LM317 能够有许多特殊的用法。比如把调整端悬浮到一个较高的电压上，可以用来调节高达数百伏的电压，只要输入输出压差不超过 LM117/LM317 的极限就行。当然还要避免输出端短路。

B LM317 的外形

LM317 实物如图 1-25 所示。

图 1-25　LM317 实物图

C　三端可调式集成稳压器 LM317 的检测方法

用万用表检测 LM317 的好坏。表 1-6 中列出了用 500 型万用表 $R \times 1k\Omega$ 挡测量 LM317 各引脚之间电阻值的数据，可根据表中数据对比检测。

表 1-6　LM317 各引脚之间的电阻值

黑表笔位置	红表笔位置	正常电阻值	不正常电阻值
UI	ADJ	150	
UO	ADJ	28	
ADJ	UI	24	
ADJ	UO	500	0 或 ∞
UI	UO	7	
UO	UI	4	

1.3.2　可调直流稳压电源的制作

1.3.2.1　元器件清点和检测

按照表 1-1 所列元件清单清点并检测元器件。

1.3.2.2　元器件的预加工

对连接导线、电阻器、电容器等进行剪脚、浸锡以及成形加工。

1.3.2.3　电路装配

按图 1-2 所示电路组装。装配工艺要求如下：

（1）电阻器采用水平紧贴电路板的安装方式。电阻器标记朝上，色环电阻的色环标志顺序方向一致。

（2）二极管采用水平紧贴电路板的安装方式，注意二极管的极性。

（3）电容器采用垂直安装方式，底部离电路板 2~5mm，电解电容注意极性。

（4）三端集成稳压器采用垂直安装方式，底部离电路板 5mm。所有焊点均采用直插焊，焊接后剪脚，留引脚头在焊面以上 0.5~1mm。

（5）电源变压器用螺钉固定在电路板的元件面上，其一次侧引出线居外侧，二次侧引出线居内侧。一次侧引出线焊接并进行绝缘处理后，应把它放到固定变压器的某一螺钉加垫的金属压片下压紧，二次侧引出线插入安装孔后焊接。

（6）插件装配要美观、均匀、端正、整齐，不能歪斜，要高矮有序。焊接时焊点要圆滑、光亮，要保证无虚焊和漏焊。所有焊点均采用直插焊，焊接后剪脚，留引脚头在焊面以上 0.5~1mm。

（7）导线的颜色要有所区别，例如正电源用红线，负电源用蓝线，地线用黑线，信号线用其他颜色的线。

（8）电路安装完毕后不要急于通电，先要认真检查电路连接是否正确，各引线、各连线之间有无短路，外装的引线有无错误。

1.3.2.4 电路调试

接通电源后，用万用表直流电压 50V 挡测量输出电压是否在正常范围。若不正常，则应立即切断交流电源，并对电路逐渐检查，排除故障。若正常，改变电位器 R_{P1} 阻值调整输出电压值在 1.25~37V 之间。

复习思考题

1-1 填空题

（1）杂质半导体分_____型半导体和_____型半导体两大类。

（2）N 型半导体是在本征半导体中掺入微量_____价元素后形成的，P 型半导体是在本征半导体中掺入微量_____价元素后形成的。

（3）PN 结加正向偏置是指 P 区接电源的_____极，N 区接电源的_____极；PN 结加反向偏置是指 P 区接电源的_____极，N 区接电源的_____极。

（4）PN 结的特性是加正向偏置电压_____，加反向偏置电压_____，这个特性也称为_____。

（5）直流稳压电源一般由_____、_____、_____和_____四部分组成。

（6）在单相整流电路中，利用二极管的_____特性，可以将正弦交流电变成单向脉动直流电。

（7）滤波电路通常有_____滤波、_____滤波和_____滤波形式。

（8）稳压二极管加正向电压时与普通二极管正向特性_____，起稳压作用是稳压管工作在_____区。

（9）三端集成稳压器 LM7812 输出电压的稳压值为_____；三端集成稳压器 LM7912 输出电压的稳压值为_____。

（10）可调三端集成稳压电源分为_____和_____电源。

1-2　已知室温下锗和硅二极管的反向饱和电流分别为 1μA 和 0.5pA，如果这两个二极管串联连接，有 1mA 的正向电流通过，那么它们的正向压降各为多少？

1-3　电路如图 1-26 所示，设二极管为理想器件，判断它们是否导通，并求输出电压 U_0。

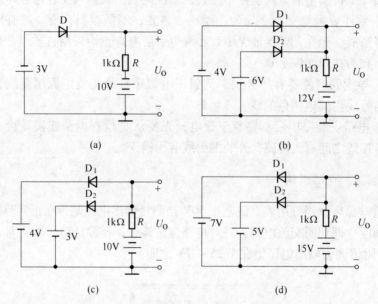

图 1-26　题 1-3 图

1-4　在图 1-27 所示电路中，已知 $U_2 = 20$V，试求：（1）电路中 R_L 和 C 增大时，输出电压是增大还是减小？为什么？（2）若其中某一个二极管断开，U_0 是多少？（3）若负载 R_L 断开，U_0 是多少？（4）若电容 C 断开，U_0 是多少？

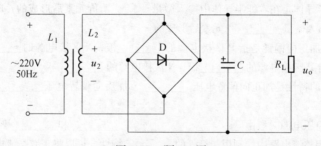

图 1-27　题 1-4 图

1-5　如图 1-28 所示的电路中，已知输入信号为 $u_i = 6\sin\omega t$，试画出输出电压 u_0 的波形。

1-6　已知两只硅稳压管的稳定电压值分别为 8V 和 7.5V，若将它们串联使用，问能获得几组不同的电压值？

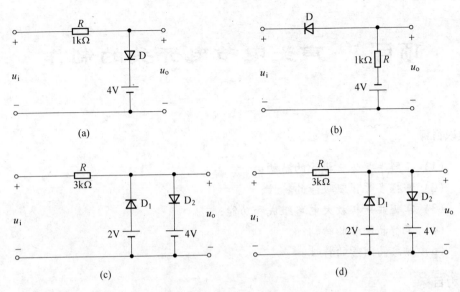

图 1-28 题 1-5 图

1-7 已知稳压管稳压电路如图 1-29 所示，输入电压 $U_i = 15V$，稳压管的稳定电压 $U_Z = 6V$，稳定电路的最小值 $I_{Zmin} = 5mA$，最大功耗 $P_{ZM} = 150mW$。试求图中限流电阻 R 的取值范围。

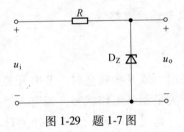

图 1-29 题 1-7 图

1-8 电路如图 1-30 所示，合理连接各元器件，使之构成能输出 5V 的直流稳压电源电路。

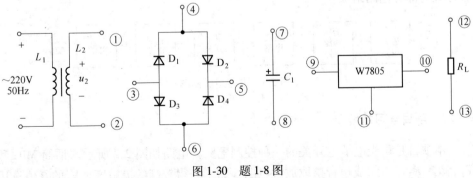

图 1-30 题 1-8 图

项目 2　声光电节电开关的制作

知识目标

(1) 了解半导体三极管的结构；
(2) 掌握半导体三极管的特性；
(3) 掌握共射极放大电路组成和功能；
(4) 了解晶闸管的结构；
(5) 熟悉晶闸管的特性。

能力目标

(1) 能够对元器件进行识读和检测；
(2) 能够进行电路识图和电路分析；
(3) 能够按照操作规范组装电路；
(4) 能够使用仪器仪表调试电路。

2.1　项目描述

声光电节电开关，在白天或光线较亮时，节电开关呈关闭状态，灯不亮，夜间或光线较暗时，节电开关呈预备工作状态。当有人经过该开关附近时，脚步声等把节电开关启动，灯亮，延时 40~50s 后节电开关自动关闭、灯灭。电路组成框图如图 2-1 所示。由话筒、声音放大、倍压整流、光控、电子开关、延时和交流开关七部分电路组成。

图 2-1　电路组成框图

2.1.1　项目学习情境

本项目是声光电节电开关的一种控制电路，电路如图 2-2 所示。话筒 MIC 和 V_1、$R_1 \sim R_3$、C_1 组成声音拾取放大电路。为了获得较高的灵敏度，V_1 的 β 值选用大于100。话筒 MIC 也选用灵敏度高的。R_3 不宜过小，否则电路容易产生间歇振荡，C_2、D_1 和 D_2、C_3 构成倍压整流电路。把声音信号变成直流控制电压。R_4、R_5 和光敏电阻 R_{11} 组成光控电路。有光照射在 R_{11} 上时，阻值变小，对直流控制电压衰减很大。V_2、V_3 和 R_7、D_3 组成的电子开关截止，C_4 内无电荷，单向可控硅 MCR 截止，灯泡不亮。在 MCR 截止时，直流高压经 R_9、R_{10}、D_4 降压后加到 C_3、CW01（稳压管）上端。C_3 为滤波电容，CW_{01} 为稳压值 12～15V 的稳压二极管，保证 C_3 上电压不超过 15V 直流电压。当无光照射 R_{11} 时，R_{11} 阻值很大，对直流控制电压衰减很小，V_2、V_3 等组成的电子开关导通，D_3 也导通，使 C_4 充电。R_8、C_5 和单向可控制 MCR、D_5～D_8 组成延时与交流开关。C_4 通过 R_8 把直流触发电压加到 MCR 控制端，MCR 导通，灯泡点亮。灯泡发光时间长短由 C_4、R_8 的参数决定，按图中所给出的元器件数值（R_8 为 22kΩ），发光 30s 左右后，MCR 截止，灯熄灭。C_5 为抗干扰电容，用于消除灯泡发光抖动现象。

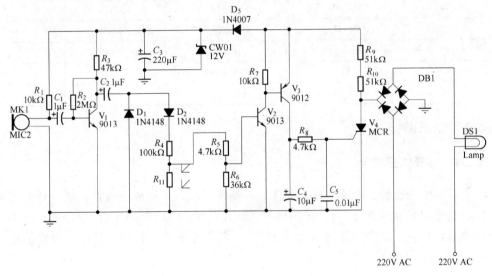

图 2-2 声光电节电开关电路图

2.1.2 元器件清单

图 2-2 所示声光电节电开关电路元器件清单见表 2-1。

表 2-1 声光电节电开关元器件清单

序号	元件代号	名称	型号及参数	数量
1	R_1、R_7	电阻器	10kΩ	2
2	R_2	电阻器	2MΩ	1
3	R_3	电阻器	47kΩ	2

序号	元件代号	名称	型号及参数	数量
4	R_4	电阻器	100kΩ	1
5	R_5	电阻器	4.7kΩ	2
6	R_6	电阻器	36kΩ	1
7	R_8	电阻器	22kΩ	1
8	R_9、R_{10}	电阻器	51kΩ	2
9	R_{11}	光敏电阻	625A	1
10	C_1、C_2	电解电容器	1μF	1
11	C_3	电解电容器	220μF	1
12	C_4	电解电容器	10μF	1
13	C_5	电容器	100nF	1
14	D_1、D_2	二极管	1N4148	2
15	$D_3 \sim D_7$	二极管	1N4007	5
16	V_1、V_2	晶体三极管	9013	2
17	V_3	晶体三极管	9012	1
18	MCR（V_4）	单向可控硅	MCR100-6	1

2.2　知识链接

2.2.1　半导体三极管

半导体三极管，也称双极型晶体管、晶体三极管，简称三极管，是一种电流控制电流的半导体器件。它的作用是把微弱信号放大成幅值较大的电信号，也用作无触点开关，是半导体基本元器件之一，具有电流放大作用，是电子电路的核心元件。

2.2.1.1　半导体三极管的结构和分类

半导体三极管是通过一定的制作工艺，将两个 PN 结组合起来，并引出三个电极，经过封装而形成的。按材料的不同，可分为硅管和锗管两类；按 PN 结的组合方式不同，可分为 NPN 型和 PNP 型两种。它们的结构示意图及符号如图 2-3 所示。

三极管中有三个杂质半导体区，分别为发射区、基区和集电区。由三个区引出的三个电极分别叫发射极（e）、基极（b）和集电极（c）。发射区和基区间的 PN 结称为发射结，集电区与基区间的 PN 结称为集电结。电路符号中箭头方向指的是发射结正偏时的实际电流方向。

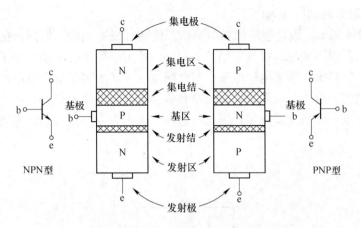

图 2-3　NPN 型和 PNP 型半导体三极管结构示意图及符号

不论是 NPN 型三极管还是 PNP 型三极管，为使三极管正常工作，制造时都有以下的工艺要求：发射区的掺杂浓度高，主要作用是发射载流子；基区要掺杂浓度要比发射区的掺杂浓度低很多且很薄，作用是传输载流子；集电区掺杂浓度低且面积大，作用是收集载流子。发射结控制载流子的发射，集电结控制载流子的收集。这个工艺要求是保证三极管具有电流放大作用的内部条件。

2.2.1.2　半导体三极管原理和特性

A　半导体三极管工作原理

半导体三极管与半导体二极管一样，都有两种载流子同时参与导电，但二极管具有单向导电性，而半导体三极管则是具有正向受控作用。正向受控作用是指集电极电流和发射极电流只受正向发射结电压控制而几乎不受反向集电结电压控制的作用。

为了分析半导体三极管的导电原理，现以 NPN 型三极管为例进行讨论。表面上看来，三极管似乎相当于两个单独的二极管背靠背串联在一起，但这样它并不具有放大作用。为了使三极管实现放大作用，除了工艺上的要求外，还必须有一定的外部条件来保证。从三极管的内部结构来看，主要有两个特点。第一，发射区进行高掺杂，因而其中的多数载流子浓度很高，NPN 三极管的发射区为 N 型，其中的多子是电子，所以电子的浓度很高。第二，基区做得很薄，通常只有几微米到几十微米，而且掺杂浓度低，则基区中的多子的浓度低，NPN 三极管的基区为 P 型，故其中的多子空穴的浓度很低。从外部条件来看，外加电源的极性应使发射结处于正向偏置状态，而集电结应处于反向偏置状态。在满足上述条件的情况下，三极管内部的载流子发生以下三个过程，以共发射极电路为例，如图 2-4 所示。

a 发射区向基区注入电子

如图 2-4 所示，因发射结加正向偏压，使结电场被削弱，发射区的多子——自由电子便源源不断地越过发射结注入基区，成为基区中的非平衡少子，使基区中的电子浓度增大，形成电子电流。与此同时，基区的多子空穴也向发射区扩散形成空穴电流，电子电流和空穴电流总和就是发射极电流 I_E。基区中空穴的浓度比发射区中电子的浓度低很多，因此可忽略，认为 I_E 主要由发射区发射的电子电流所产生。

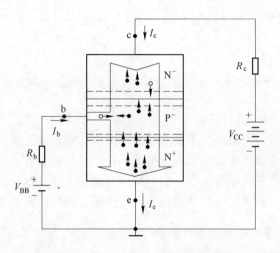

图 2-4 共发射极电路中三极管内部载流子运动规律示意图

b 电子在基区的扩散与复合

电子由发射区发射到基区后，因为基区为 P 型，所以在基区形成了非平衡少子——电子的浓度梯度，因而电子继续向集电结方向扩散，因为基区很薄，所以在扩散过程中，绝大多数的电子都能够到达集电结的边缘。在扩散的过程中，少数电子与空穴相遇而复合，形成基极复合电流 I_{BN}，为了补充复合掉的空穴，基极所接的电源 V_{BB} 的正极则不断从基区拉走电子，好像不断供给基极空穴。在基区中电子与空穴复合的数目跟电源从基区中拉走电子的数目相等，使基区中空穴浓度基本维持不变，这就形成了基极电流 I_B，所以基极电流就是电子在基区与空穴复合形成的。由于基区做得很薄且掺杂浓度很小，所以形成的基流很小。

c 集电区收集扩散过来的电子

由于集电结反偏，外电场与内电场的方向相同，使阻挡层的厚度增大，从而阻止了基区中的多子（空穴）和集电区中的多子（电子）互相向对方扩散，同时这个电场又促使基区中的少子（电子）和集电区中的少子（空穴）都向对方漂移。可见由于这个电场的作用，基区扩散过来的电子很顺利地漂移过集电结进入集电区，并被集电极所连的电源 V_{CC} 的正极拉走，形成了集电极电流 I_C。另外，集电区和基区中的少子在反向电压作用下也形成极小的反向饱和电流，写作 I_{CBO}。因为很小，可将其忽略掉。

B 半导体三极管的电流分配关系

（1）三极管的电流分配关系

$$I_e = I_b + I_c \qquad (2-1)$$

说明发射极电流等于基极电流与集电极电流之和。

（2）集电极电流 I_c 与基极电流 I_b 的关系。由上述载流子的传输过程可知，发射区注入基区的电子，绝大部分要到达集电区，形成集电极电流，只有很小一部分与基区的空穴复合，形成基极电流。三极管一旦制成，从发射区注入基区的电子中，有多少被复合，有多少继续扩散到集电结边缘并被收集，这个比例也就基本确定了，即集电极电流与基极电流之比为一个常数，用 $\bar{\beta}$ 表示，即

$$\bar{\beta} = \frac{I_c}{I_b} \qquad (2-2)$$

称 $\bar{\beta}$ 为三极管的共发射极直流电流放大系数。

式（2-2）表明了发射区每向基区注入一个复合用的载流子，就要向集电区供给 $\bar{\beta}$ 个载流子，也就是说，三极管如有一个单位的基极电流，就必然会有 $\bar{\beta}$ 倍的集电极电流，故一般 $I_C \gg I_B$，它也就表示了基极电流对集电极电流的控制能力。利用这一性质可以实现三极管的放大作用。

如果给发射结电压一个增量，就会使基极电流产生一个增量 ΔI_b。同时，集电极电流和发射极电流也会产生相应的增量 ΔI_c 和 ΔI_e。这三个电流变化后的关系仍应遵循半导体三极管的电流关系，即

$$I_e + \Delta I_e = (I_b + \Delta I_b) + (I_c + \Delta I_c) = (I_b + I_c) + (\Delta I_b + \Delta I_c)$$

所以

$$\Delta I_e = \Delta I_b + \Delta I_c \qquad (2-3)$$

根据三极管内部电流按一定比例分配的规律，把集电极电流的变化量 ΔI_c 与基极电流的变化量 ΔI_b 之比称作共发射极交流放大系数，用 β 表示，即

$$\beta = \frac{\Delta I_c}{\Delta I_b} \qquad (2-4)$$

2.2.1.3 半导体三极管的特性曲线

三极管的伏安特性曲线是指各电极之间的电压与电流的关系曲线，用三极管的输入、输出特性曲线可以全面地描述三极管各极电流和电压之间的关系，这里主要介绍 NPN 三极管的共射特性曲线，其测试电路如图 2-5 所示。

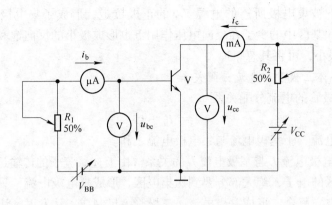

图 2-5　三极管共射特性曲线测试电路

A　输入特性

当 u_{ce} 为某一个常数时，输入回路的基极电流 i_b 和基极与发射极之间的电压 u_{be} 的关系曲线称为输入特性。其函数式为

$$i_b = f(u_{be})\Big|_{u_{ce}=常数}$$

图 2-6 是 $u_{ce}=0V$ 和 $u_{ce}=1V$ 时的输入特性曲线。从图 2-6 可见：（1）当 $u_{ce}=0V$ 时，从三极管的输入回路看，基极和发射极之间相当于两个 PN 结（发射结合集电结）并联，所以这时的三极管的输入特性曲线类似于二极管的正向伏安特性曲线；（2）当 $u_{ce}>0$ 时，特性曲线右移，这是由于集电结收集载流子能力增强，在相同 u_{be} 下，i_b 减小；（3）当 u_{ce} 大于某一数值（例如 1V）以后，集电结收集载流子能力已接近极限程度，以至 u_{ce} 再增加，i_b 也不再明显减小，输入特性

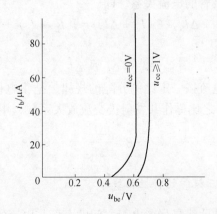

图 2-6　三极管共发射极输入特性曲线

曲线基本上不再右移，可认为是重合的。所以，通常只画出 $u_{ce} \geq 1V$ 的一条输入特性曲线；（4）输入特性也有一段"死区"，只有在发射结的外加电压大于导通电压之后，三极管才能有基极电流 i_b，在正常工作时，硅管的 u_{be} 约为 $0.6 \sim 0.7V$，锗管约为 $0.2 \sim 0.3V$（绝对值）；（5）三极管的输入特性是非线性的，所以三极管是非线性器件，但是，输入特性曲线的陡峭上升部分近似于直线，在这一段可认为 i_b 与 u_{be} 成正比关系，是输入特性曲线的线性区。

B 输出特性

图 2-7 是硅 NPN 管的输出特性曲线。当 i_b 一定时，输出回路中的电流 i_c 和输出电压 u_{ce} 的关系曲线称为输出特性，其函数表示式为

$$i_c = f(u_{ce})\Big|_{i_b=常数}$$

在输出特性曲线上可以划分为三个区域：截止区、放大区、饱和区。如图 2-8 所示。

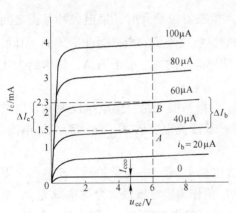

图 2-7 三极管共发射极输出特性曲线

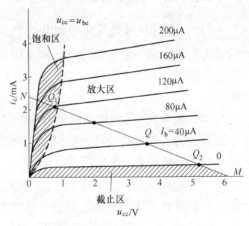

图 2-8 三极管的三个工作区

（1）截止区。一般将 $i_b \leq 0$ 的区域称为截止区，在图中为 $i_b = 0$ 的一条曲线以下的部分，此时 i_c 也近似等于零。因为三极管的各极电流都基本上等于零，所以三极管处于截止状态，没有放大作用。其实当 $i_b = 0$ 时，集电极电流并不真正等于0，而是有一个较小的穿透电流 i_{ceo}。但因为很小，可以认为当发射结反相偏置时，发射区不再向基区注入电子，三极管截止。对于 NPN 三极管来说，截止区时 $u_{be} < 0$，$u_{bc} < 0$。

（2）放大区。在放大区，各条输出特性曲线比较平坦，近似为水平的直线，表示当 i_b 一定时，i_c 的值基本上不随 u_{ce} 而变化，而当基极电流有一个微小的变化量时，集电极电流也随之产生一个变化量，且两者满足 $\Delta i_c = \beta \Delta i_b$，这个表达式体现了三极管的电流放大作用。对于 NPN 三极管来说，放大区时 $u_{be} > 0$，$u_{bc} < 0$。

（3）饱和区。靠近纵坐标的附近，各条输出特性曲线的上升部分属于饱和区。在这个区域，不同 i_b 值的各条曲线几乎重合，也就是说，u_{ce} 较小时，三极管的集电极电流基本不随基极电流变化，这种现象称为饱和。三极管在饱和区失去了放大作用。对于 NPN 三极管来说，饱和区时 $u_{be}>0$，$u_{bc}>0$。三极管工作在截止区、放大区和饱和区的条件见表 2-2。

表 2-2　三极管三个工作区的条件

工作区域	发射结工作条件	集电结工作条件
放大区	正偏	反偏
饱和区	正偏	正偏
截止区	反偏	反偏

2.2.1.4　三极管的性能指标

（1）集电极-基极反向饱和电流 I_{cbo}。指发射极断开时，集电极和基极之间的反向饱和电流，它是由集电区和基区中的少数载流子的漂移运动形成的，其值很小，受温度的影响很大。在室温下，小功率硅管的 I_{cbo} 小于 $1\mu A$，锗管约为几微安。

（2）集电极-发射极反向饱和电流 I_{ceo}。指基极开路、集电结反偏和发射结正偏时的集电极电流，该电流从集电区穿过基区流至发射区，又称为穿透电流。因此选管要选用 I_{ceo} 小的管子。

（3）集电极最大允许电流 I_{cm}。集电极电流 I_c 超过一定数值后，β 将明显下降。一般以 β 下降到其额定值的一半时的 I_c 值作为集电极最大允许电流 I_{cm}。当电流超过 I_{cm} 时，管子性能将显著下降，甚至可能烧坏管子。一般小功率管的 I_{cm} 约为几十毫安，大功率管可达几安。

（4）集电极最大允许功率损耗 P_{cm}。集电结允许功率损耗的最大值，小功率管的 $P_{cm} < 1W$，大功率管的 $P_{cm} \geqslant 1W$。P_{cm} 与散热条件和环境温度有关，加装散热器，可使 P_{cm} 大大提高。

（5）集电极-基极反向击穿电压 $U_{(br)cbo}$。指发射极开路时，集电极-基极之间允许施加的最高反向电压，其值通常为几十伏，有的管子高达几百伏以上。

（6）发射极-基极反向击穿电压 $U_{(br)ebo}$。指集电极开路时，发射极-基极之间允许施加的最高反向电压，一般为几伏至几十伏，有的甚至小于 1V。

（7）集电极-发射极反向击穿电压 $U_{(br)ceo}$。指基极开路时，集电极-发射极之间允许施加的最高反向电压，其值比 $U_{(br)ceo}$ 要小一些。

2.2.2 放大电路的组成和分析方法

在日常使用的收音机、扩音器，或者紧密的测量仪器和复杂的自动控制系统时，经常需要将微弱的电信号增强到可以测量或利用的程度，这种技术为放大，能实现放大功能的电路为放大电路。

放大电路是指能够将一个微弱的交流小信号，通过该电路得到一个波形相似，但幅值却大很多的交流大信号的输出。实际的放大电路通常是由信号源、晶体三极管构成的放大器及负载组成。放大的前提是输出信号不失真，即只有在不失真的情况下放大才有意义。放大后的信号波形应与放大前的信号波形相似或基本相似，也就是放大器输出端要尽量不失真地反映输入端信号的变换规律，而输出信号的电压、电流要有所增加。因此，放大的实质就是利用较小能量的输入信号来控制功率源输出较大能量的信号。下面主要介绍放大电路的一些性能指标。

2.2.2.1 放大电路的组成

任何一个放大电路均可视为二端网络，如图 2-9 所示为放大电路的示意图，左边为输入端口，右边为输出端口。R_s 是信号源内阻，R_i 为放大电路输入电阻，R_o 为放大电路输出电阻，R_L 为负载电阻，输入电压是 $\dot{U}_i$，输出电压是 $\dot{U}_o$。

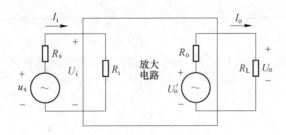

图 2-9　放大电路示意图

组成放大电路时必须遵循的原则：

（1）必须有直流电源。放大电路必须接直流电源，而且电源的设置应满足使三极管的发射结正偏而集电结反偏，保证三极管工作在放大状态。

（2）输入信号要有效地作用于放大电路输入回路。输入信号必须有效的作用于放大管的输入回路，输入信号经过放大后以能从输出端输出，即要具备正常的信号输入回路和输出回路。

（3）合适的元件参数。元件参数的选择要合适，保证当负载接入时，负载能够获得比输入信号大得多的信号电压或信号电流。

2.2.2.2　放大电路主要性能指标

A　放大倍数

放大倍数表明输入信号对输出信号的控制关系，见表 2-3，例如 $\dot{A}_u$ 表明 $\dot{U}_i$ 对 $\dot{U}_o$ 的控制关系，当 $\dot{U}_i$ 增大（或减小）时，$\dot{U}_o$ 按 $\dot{A}_u$ 倍增大（或减小）。当放大器件系数理想时，它们均为常量。

表 2-3　放大倍数

名　称	定　义	公　式
电压放大倍数	输出电压 $\dot{U}_o$ 与输入电压 $\dot{U}_i$ 之比	$\dot{A}_{uu} = \dot{A}_u = \dfrac{\dot{U}_o}{\dot{U}_i}$
电流放大倍数	输出电流 $\dot{I}_o$ 与输入电流 $\dot{I}_i$ 之比	$\dot{A}_{ii} = \dot{A}_i = \dfrac{\dot{I}_o}{\dot{I}_i}$
电压对电流的放大倍数	输出电压 $\dot{U}_o$ 与输入电流 $\dot{I}_i$ 之比	$\dot{A}_{ui} = \dot{A}_r = \dfrac{\dot{U}_o}{\dot{I}_i}$
电流对电压的放大倍数	输出电流 $\dot{I}_o$ 与输入电压 $\dot{U}_i$ 之比	$\dot{A}_{iu} = \dot{A}_g = \dfrac{\dot{I}_o}{\dot{U}_i}$

B　输入电阻

从放大电路输入端看进去的等效电阻称为放大电路的输入电阻 R_i，其大小等于输入电压有效值 U_i 和输入电流有效值 I_i 之比，即

$$R_i = \frac{U_i}{I_i} \tag{2-5}$$

C　输出电阻

从放大电路输出端看进去的等效内阻称为输出电阻 R_o，如图 2-9 所示。U'_o 为空载时的输出电压有效值，U_o 为带负载后的输出电压有效值，因此

$$U_o = \frac{R_L}{R_o + R_L} U'_o$$

输出电阻为

$$R_o = \left(\frac{U'_o}{U_o} - 1 \right) R_L \tag{2-6}$$

D　通频带

由于放大器件本身存在极间电容，且放大电路中会接有一些非线性元件，因

此，放大电路的放大倍数将随着信号频率的变化而变化。一般情况下，当频率升高或降低时，放大倍数都会减小，只有在中间一段频率范围内起放大倍数较高且基本不变。通常将放大倍数在高频和低频段分别下降至中频段放大倍数的 $\frac{1}{\sqrt{2}}$（即 0.707

| $\dot{A}_{usm}$ |）时所包含的频率范围，定义为放大电路的通频带，用 BW 表示，如图 2-10 所示。上下两个界限分别称为下限截止频率 f_L 和上限截止频率 f_H，通频带 $BW=f_H-f_L$。通频带越宽表示放大电路对信号频率的变化具有更强的适应能力。

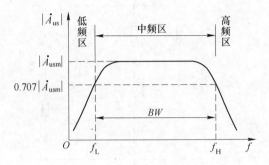

图 2-10　放大电路的频率指标

2.2.2.3　放大电路的三种连接方式

晶体管在放大电路中有三种连接方式（三种组态）：共发射极、共集电极和共基极接法。如图 2-11 所示。以基极作为输入端，集电极作为输出端，发射极作为输入和输出回路的公共端（接地端）的电路，称为共发射极电路。以基极作为输入端，发射极作为输出端，集电极作为输入和输出回路的公共端的电路，称为共集电极电路。以发射极作为输入端，集电极作为输出端，基极作为输入和输出回路的公共端的电路，称为共基极电路。

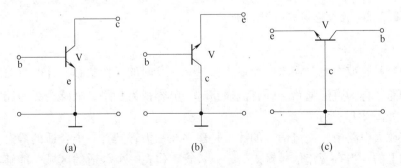

图 2-11　三极管电路的三种连接方式

（a）共发射极连接；（b）共集电极连接；（c）共基极连接

2.2.3　共射极放大电路

2.2.3.1　共射基本放大电路的组成

共射放大电路的组成是由三极管 V、偏置电子 R_b 和集电极负载电阻 R_c 组成。电路如图 2-12 所示。放大电路中各元件的作用如下：

（1）三极管 V。具有电流放大作用，是放大电路中的核心元件。

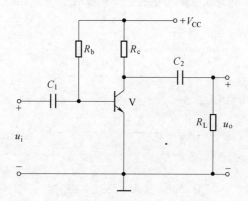

图 2-12　基本共射放大电路

（2）集电极负载电阻 R_c。又称为集电极电阻，它的作用是将集电极电流的变化转换成电压的变化，以实现电压放大功能。另一方面，直流电源 V_{CC} 通过 R_c 加到三极管上，使集电结反偏。

（3）耦合电容 C_1、C_2。具有隔直流、通交流的作用。一方面，切断信号源与放大电路之间、放大电路与负载之间的直流通路的相互影响；另一方面，起到耦合信号的作用。

2.2.3.2　放大电路工作状态分析

A　静态分析

静态是指放大电路输入交流输入信号 $u_i = 0$ 时的工作状态，此时直流电流所流过的路径称为直流通路。画直流通路时，电容视为开路，电感视为短路，其他不变，如图 2-13 所示。

在放大电路中，交流信号的放大是建立在三极管具有一个合适的静态工作点的基础上的，当有交流信号输入时，三极管工作在一个合适的区域，能够不失真地放大输入信号，否则当输入交流信号时就会出现失真，即饱和失真和截止失真。

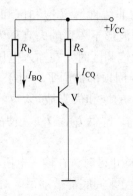

图 2-13 基本共射放大电路直流通路

静态工作点的计算（I_{BQ}、U_{BEQ}、I_{CQ}、U_{CEQ}）有图解法和估算法，工程上一般使用估算法。首先由直流电路得基极电流

$$I_{BQ} = \frac{U_{CC} - U_{BEQ}}{R_b} \tag{2-7}$$

式中，U_{BEQ} 为发射结的正向电压，一般取硅管 0.7V，锗管 0.3V。

根据三极管电流放大特性，有

$$I_{CQ} = \beta I_{BQ} \tag{2-8}$$

集电极-发射极电压为

$$U_{CEQ} = U_{CC} - I_{CQ}R_c \tag{2-9}$$

B 动态分析

动态是指放大电路在接入交流信号（或变化信号）以后，电路中各处电流、电压的变化情况。在信号源（输入信号）的作用下，只有交流电流流过的路径，称为交流通路。画交流通路时，把电容和直流电源视为短路，其他不变。基本共射电路交流通路如图 2-14 所示。

a 放大电路的非线性失真

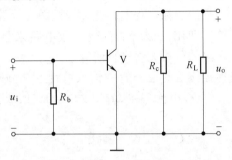

图 2-14 基本共射放大电路的交流通路

由于工作点进入三极管的非线性区（饱和区和截止区）而引起的放大电路输出电压的波形与输入电压的波形不一致的失真称为非线性失真。

当静态工作点太高，靠近饱和区时，在输入电压的正半周，三极管进入饱和区，集电极电流 i_c 波形的正半周顶部被削平。对于 NPN 型管，其输出电压 u_o 将产生顶部削波（正半波削波）的饱和失真波形，如图 2-15 中所示。消除饱和失真的方法：可增大偏置电子 R_b，降低 I_{BQ}、I_{CQ}，使静态工作点下降，从而解决饱和失真问题。

当静态工作点太低，靠近截止区时，在输入电压的负半周，可能使三极管进入截止区，集电极电流 i_c 波形的负半周底部被削平。对于 NPN 型管，其输出电压 u_o 将产生顶部削平的截止失真波形，如图 2-15 中所示。消除截止失真的方法：可通过减小偏置电阻 R_b，增大 I_{BQ}、I_{CQ}，使静态工作点上升，从而解决截止失真问题。

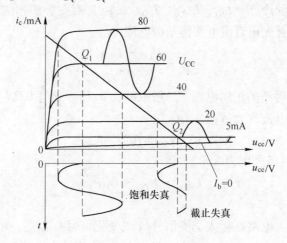

图 2-15　饱和失真和截止失真波形

b　三极管的微变等效模型

放大电路中的三极管是非线性器件，要对放大电路进行精确的定量分析求取各项性能指标是比较困难的。在工程上，往往采用微变等效电路的方法对三极管放大电路进行分析计算，即用三极管的微变等效电路来替代三极管，如图 2-16 所示，然后利用线性电路的分析方法进行研究。

首先来研究共发射极接法时三极管的输入特性。在静态工作点附近，当 u_{be} 有一微小变化时 Δu_{be}，基极电流变化 Δi_b，两者的比值成为三极管的动态电阻，用 r_{be} 表示，即

$$r_{be} = \frac{\Delta u_{be}}{\Delta i_b} \tag{2-10}$$

r_{be} 是非线性电阻，它的大小随静态工作点 Q 的变化而变化；但是，若静态

工作点已经确定不变，而且输入交流信号的幅度很小，则信号变化只是引起瞬时工作点在 Q 点附近很小的范围内移动，这段反映信号变化轨迹的线段很短，可以近似的把它看成是直线。于是 r_{be} 也可以近似看成一个线性电阻，在电路计算时把它作为一个定值，这样就使三极管的输入电路由非线性电路转化成了线性电路。

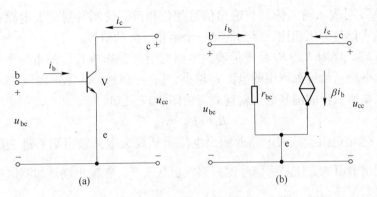

图 2-16　三极管微变等效模型

（a）三极管；（b）微变等效模型

从输出回路看，三极管的本质是电流放大作用。把三极管的输出特性曲线理想化，近似看成一组等距离的平行直线，这样就能将三极管的输出回路看成一个受 i_b 控制的电流源。所以，三极管的微变等效模型如图 2-16 所示。输入回路等效为一个电阻 r_{be}，输出回路等效为一个受控恒流源 βi_b，对于小信号工作的三极管，β 是一个常数。

c　放大电路的微变等效电路

在一个微小的工作范围内，三极管各电极电压、电流变化量之间的关系近似是线性的，可以将三极管等效为线性元件，放大电路等效为线性电路，即微变等效电路。用三极管的微变等效模型代换基本共射放大电路中的三极管就得到了如图 2-17 所示的基本共射放大电路的微变等效电路。

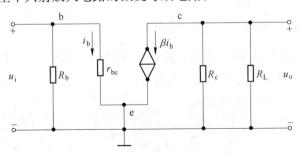

图 2-17　基本共射放大电路的微变等效电路

C　放大电路动态性能指标估算

（1）电压放大倍数。由微变等效电路可知，其中 $u_i = i_b r_{be}$，$u_o = -\beta i_c (R_C // R_L) = -\beta i_b R_L'$，所以

$$A_u = \frac{u_o}{u_i} = -\frac{\beta R_L'}{r_{be}} \tag{2-11}$$

式中，"−"号表示输入信号与输出信号相位相反。说明共射放大电路输出电压信号与输入信号电压相比，得到的是一个倒相放大的信号。

（2）输入电阻 R_i。R_i 是衡量放大电路对信号源影响程度的重要参数。R_i 越大，放大电路从信号源取用的电流 i_i 越小，信号源对放大电路的影响越小，放大电路输入端所获得的信号电压就越高。由图 2-17 可知

$$R_i = R_B // r_{be} \tag{2-12}$$

（3）输出电阻。放大电路的输出电阻是从放大电路输出端看进去的等效电阻。求输出电阻的方法是将信号源短路，负载断开，在输出端外加测试电压 $\dot U$ 作用，产生相应的测试电流 $\dot I$，由于 $\dot U_S = 0$，有 $\dot I_b = 0$，故 $\beta \dot I_b = 0$，受控电流源做开路处理，则输出电阻为

$$R_o = \frac{u_o}{i_o} = R_c \tag{2-13}$$

可见，R_o 越大，负载变化时，输出电压的变化也越大，说明放大电路的带负载能力越弱；反之，说明放大电路的带负载能力越强。

2.2.4　稳定静态工作点的放大电路

2.2.4.1　电路组成

如图 2-18（a）所示电路中，基极直流偏置电位 U_b 是由电子 R_{b1} 和 R_{b2} 对 U_{CC} 分压而得，同时，发射极串接一个偏置电阻 R_e，用来稳定电路的静态工作点，故称为稳定静态工作点的共射放大电路。

2.2.4.2　静态分析

直流通路如图 2-18（b）所示。要稳定 U_b 的值，选取 R_{b1}、R_{b2} 的数值时，应保证 $I_1 \approx I_2 \geqslant I_b$。静态工作点计算如下：

根据分压原理可得基极电位

$$U_{BQ} \approx \frac{R_{b2}}{R_{b1} + R_{b2}} U_{CC}$$

集电极电流

$$I_{CQ} \approx I_{EQ} = \frac{U_{BQ} - U_{BEQ}}{R_e} U_{CC} \qquad (2\text{-}14)$$

基极电流

$$I_{BQ} = \frac{I_{CQ}}{\beta} \qquad (2\text{-}15)$$

由于 $I_C \approx I_E$，所以集电极-发射极间电压为

$$U_{CEQ} = U_{CC} - I_{CQ} - I_{EQ}R_e \approx U_{CC} - I_{CQ}(R_c + R_e) \qquad (2\text{-}16)$$

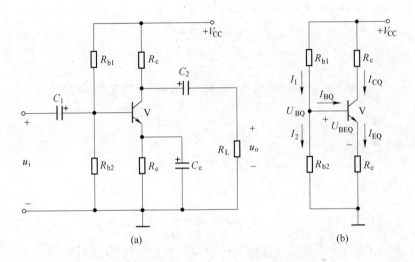

图 2-18　稳定静态工作点的共射放大电路

（a）稳定静态工作点的共射放大电路；（b）直流通路

2.2.4.3　稳定静态工作点的原理

假设由于温度升高，集电极的电流增大，发射极的电流也增大，发射极电压也随着升高，由于基极电压已被分压电路固定，所以发射极电压升高将会导致 R_e 的电流负反馈作用，使集电极电流基本保持不变，从而达到稳定静态工作点的作用。

$$T^\circ C \uparrow \to I_{CQ} \uparrow - I_{EQ} \uparrow - U_{EQ} \uparrow \to U_{BEQ} \downarrow \to I_{BQ} \downarrow \to I_{CQ} \downarrow$$

2.2.4.4　动态分析

稳定静态工作点的共射放大电路交流通路如图 2-19（a）所示，微变等效电路如图 2-19（b）所示。

（1）电压放大倍数。输入电压 u_i

$$u_i = i_b(R_{b1}//R_{b2}//r_{be}) \approx i_b r_{be}$$

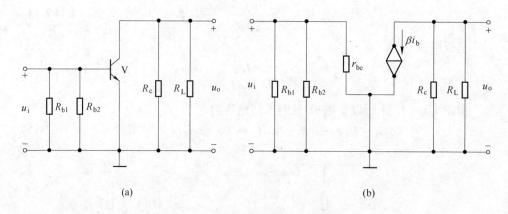

图 2-19 稳定静态工作点的共射放大电路的微变等效电路

（a）交流通路；（b）微变等效电路

输出电压 u_o

$$u_o = i_c(R_c/\!/R_L) = -\beta i_b R'_L$$

电压放大倍数

$$A_u = \frac{u_o}{u_i} = -\beta \frac{R'_L}{r_{be}} \qquad (2\text{-}17)$$

可以看出该放大电路的电压放大倍数和基本共射放大电路的一样。

（2）输入电阻 R_i。由微变等效电路可以看出

$$R_i = \frac{u_i}{i_i} = R_{b1}/\!/R_{b2}/\!/r_{be} \qquad (2\text{-}18)$$

（3）输出电阻 R_o

$$R_o = R_c \qquad (2\text{-}19)$$

2.2.5 共集电极放大电路

共集电极放大器由于是射极输出信号所以也称为射极输出器，又由于输出电压与输入电压同相位且大小近似相等也称为电压跟随器。

2.2.5.1 电路组成

共集电极电路组成如图 2-20（a）所示。

2.2.5.2 静态分析

直流通路如图 2-20（b）所示。回路方程

$$U_{CC} - 0 = I_{BQ}R_b + U_{BEQ} + I_{EQ}R_e = I_{BQ}R_b + U_{BEQ} + (1 + \beta)I_{BQ}R_e$$
$$U_{CC} - 0 = U_{CEQ} + I_{CQ}R_e$$

可以得到静态工作点

$$I_{BQ} = \frac{U_{CC} - U_{BEQ}}{R_b + (1 + \beta)R_e} \tag{2-20}$$

$$I_{CQ} = \beta I_{BQ} \tag{2-21}$$

$$U_{CEQ} = U_{CC} - I_{CQ}R_e \tag{2-22}$$

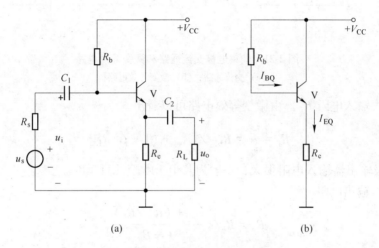

图 2-20 典型共集电极放大电路

（a）共集电极放大电路；（b）直流通路

2.2.5.3 动态分析

共集电极放大电路的交流通路如图 2-21（a）所示，微变等效电路如图 2-21（b）所示。

（1）电压放大倍数。

输入电压 u_i

$$u_i = i_b r_{be} + i_e R_L' = i_b [r_{be} + (1 + \beta) R_L']$$

输出电压 u_o

$$u_o = i_e R_L' = (1 + \beta) i_b R_L'$$

电压放大倍数

$$A_u = \frac{u_o}{u_i} = \frac{(1 + \beta) R_L'}{r_{be} + (1 + \beta) R_L'} \approx 1 \tag{2-23}$$

可以看出共集电极放大电路的电压放大倍数近似为 1，也就是说输出电压与输入电压相位相同，大小近似，所以称为电压跟随器或射极跟随器。

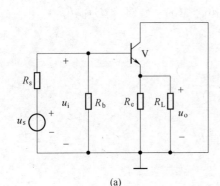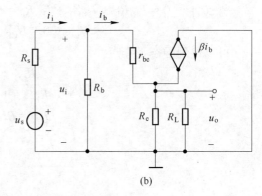

图 2-21 共集电极交流通路和微变等效电路

（a）交流通路；（b）微变等效电路

（2）输入电阻 R_i。由微变等效电路可以看出

$$R_i = \frac{u_i}{i_i} = R_{b1} // [r_{be} + (1 + \beta) R'_L] \tag{2-24}$$

射极输出器输入电阻很大，一般为几十千欧至几百千欧。

（3）输出电阻。

$$R_o = R_e // \frac{r_{be} + (R_s // R_b)}{1 + \beta} \tag{2-25}$$

表明射极输出器的输出电阻很小，通常为几十欧姆。

2.2.5.4 射极输出器的特点及应用

A 共集电极放大电路的特点

静态工作点比较稳定射极输出器中的电阻 R_e 还具有稳定静态工作点的作用。例如，当温度升高时，由于 I_{CQ} 增大，使 R_e 上的压降上升，导致 U_{BEQ} 下降，从而牵制了 I_{CQ} 的上升。电压放大倍数近似为 1，射极输出器虽然没有将电压放大，但是具有电流放大和功率放大作用。输入电阻高，输出电阻低。

B 射极输出器的应用

在多级放大电路中，射极输出器可以作为输入级、输出级或中间级。作为输入级，由于射极输出器的输入电阻高，使信号源内阻上的压降相对来说比较小，可以得到较高的输入电压，同时，减小信号源提供的信号电流，可减轻信号源的负担。作为输出级。由于射极输出器的输出电阻低，当负载电流变动较大时，其输出电压下降很小，从而提高整个放大电路的带负载能力。作为中间隔离级：在多级放大电路中，将射极输出器接在两级共射放大电路中间，利用其输入电阻高的特点，提高前一级的负载电阻，进而提高前一级的电压放大倍数，利用其输出电阻低的特点，以减小作为后一级信号源的内阻，使后级电压放大倍数也得到提高，隔离了级间的相互影响。

2.2.6　共基极放大电路

2.2.6.1　电路组成

共基极放大电路组成如图 2-22（a）所示。

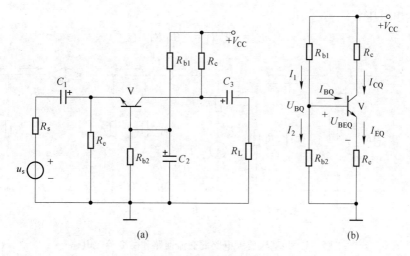

图 2-22　共基极放大电路

（a）共基极放大电路；（b）直流通路

2.2.6.2　静态分析

共基极放大电路的直流通路如图 2-22（b）所示。

静态工作点的计算

$$U_{BQ} \approx \frac{R_{b2}}{R_{b1} + R_{b2}} U_{CC}$$

集电极电流

$$I_{CQ} \approx I_{EQ} = \frac{U_{BQ} - U_{BEQ}}{R_e} U_{CC} \tag{2-26}$$

基极电流

$$I_{BQ} = \frac{I_{CQ}}{\beta} \tag{2-27}$$

由于 $I_C \approx I_E$，所以集电极-发射极间电压为

$$U_{CEQ} = U_{CC} - I_{CQ} - I_{EQ} R_e \approx U_{CC} - I_{CQ}(R_c + R_e) \tag{2-28}$$

2.2.6.3　动态分析

共基极放大电路的交流通路如图 2-23（a）所示，微变等效电路如图 2-23（b）所示。

（1）电压放大倍数。

输入电压 u_i

$$u_i = -i_b r_{be}$$

输出电压 u_o

$$u_o = -i_c R'_L = -\beta i_b R'_L$$

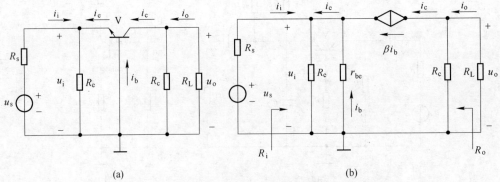

(a)　　　　　　　　　　　　　　　(b)

图 2-23　共基极放大电路的交流通路和微变等效电路

(a) 交流通路；(b) 微变等效电路

电压放大倍数

$$A_u = \frac{u_o}{u_i} = \beta \frac{R'_L}{r_{be}} \tag{2-29}$$

可以看出共基极放大电路的输出电压与输入电压同相位，这是与共发射极电路不同之处，它也具有电压放大作用，A_u 的数值与稳定静态工作点的共射放大电路相同。

（2）输入电阻 R_i。由微变等效电路可以看出

$$R_i = \frac{u_i}{i_i} = R_e \mathbin{/\mkern-5mu/} \frac{r_{be}}{1+\beta} \tag{2-30}$$

共基极放大电路的输入电阻很小，一般为几欧至几十欧。

（3）输出电阻 R_o。

$$R_o = R_c \tag{2-31}$$

2.2.6.4　共基极放大电路的特点

电路放大倍数小于 1 而接近于 1，但电压放大倍数较大，仍具有功率放大作

用；输出电压与输入电压相位相同；输入电阻小，输出电阻较大，由于其频率特性好，因此多用在调频和宽频带放大器中。

2.2.6.5 三种组态放大电路的比较

三种组态放大电路的电路组成和电路性能指标见表 2-4，可以对比掌握三种组态电路的特点和应用情况。

表 2-4 三种组态放大电路的比较

电路名称	共发射极放大器	共集电极放大器 （电压跟随器、射极跟随器）	共基极放大器 （电流跟随器）
组成电路			
电压放大倍数	几十至几百	略小于 1	几十至几百
电流放大倍数	几十至一百	几十至一百	略小于 1
输入电阻	约 $1k\Omega$	几十至几百千欧	几十欧
输出电阻	几千欧至几十千欧	几十欧	几千欧至几百千欧
u_o 与 u_i 关系	反相	同相	同相
频率相应	差	较好	好

2.2.7 继电器

继电器是一种电子控制器件，它具有控制系统（又称输入回路）和被控制系统（又称输出回路），通常应用于自动控制电路中，它实际上是用较小的电流去控制较大电流的一种"自动开关"。故在电路中起着自动调节、安全保护、转换电路等作用。当输入量（如电压、电流）达到规定值时，使被控制的输出电路导通或断开的电器。具有动作快、工作稳定、使用寿命长、体积小等优点。广泛应用于电力保护、自动化、运动、遥控、测量和通信等装置中。

2.2.7.1　继电器的分类

（1）按继电器防护特征可分为封闭式、密封式、敞开式。

（2）按工作原理可分为电磁继电器、磁保持继电器、时间继电器、固态继电器、高频继电器、舌簧继电器、极化继电器等。

（3）按继电器触点负荷可分为微功率继电器、弱功率继电器、中功率继电器、大功率继电器。

（4）按继电器的外形尺寸可分为微型继电器、超小型继电器、小型继电器。

2.2.7.2　继电器的电路符号

继电器线圈在电路中用一个长方框符号表示，如果继电器有两个线圈，就画两个并列的长方框。同时在长方框内或长方框旁标上继电器的文字符号"J"。继电器的触点有两种表示方法：一种是把它们直接画在长方框一侧，这种表示法较为直观。另一种是按照电路连接的需要，把各个触点分别画到各自的控制电路中，通常在同一继电器的触点与线圈旁分别标注上相同的文字符号，并将触点组编上号码，以示区别。常用继电器的电路符号如图2-24所示。

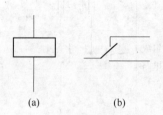

（a）　　　　　　（b）

图 2-24　继电器电路符号
（a）继电器线圈符号；
（b）继电器接点符号

2.2.7.3　电磁继电器的工作原理和特性

电磁式继电器一般由铁芯、线圈、衔铁、触点簧片等组成。只要在线圈两端加上一定的电压，线圈中就会流过一定的电流，从而产生电磁效应，衔铁就会在电磁力吸引的作用下克服返回弹簧的拉力吸向铁芯，从而带动衔铁的动触点与静触点（常开触点）吸合。当线圈断电后，电磁的吸力也随之消失，衔铁就会在弹簧的反作用力下返回原来的位置，使动触点与原来的静触点（常闭触点）吸合。这样吸合、释放，从而达到了在电路中的导通、切断的目的。对于继电器的"常开、常闭"触点，可以这样来区分：继电器线圈未通电时处于断开状态的静触点，称为"常开触点"；处于接通状态的静触点称为"常闭触点"。

2.2.7.4　继电器主要性能参数

（1）额定工作电压。额定工作电压是指继电器正常工作时线圈所需的电压。根据继电器的型号不同，可以是交流电压，也可以是直流电压。

（2）直流电阻。直流电阻是指继电器中线圈的直流电阻，可以通过万能表测量。

（3）吸合电流。吸合电流是指继电器能够产生吸合动作的最小电流。在正常使用时，给定的电流必须略大于吸合电流，这样继电器才能稳定地工作。而对于线圈所加的工作电压，一般不要超过额定工作电压的 1.5 倍，否则会产生较大的电流而把线圈烧毁。

（4）释放电流。释放电流是指继电器产生释放动作的最大电流。当继电器吸合状态的电流减小到一定程度时，继电器就会恢复到未通电的释放状态。这时的电流远远小于吸合电流。

（5）触点切换电压和电流。触点切换电压和电流是指继电器允许加载的电压和电流。它决定了继电器能控制电压和电流的大小，使用时不能超过此值，否则很容易损坏继电器的触点。

2.2.8 光敏电阻

光敏电阻又称光敏电阻器或光导管。光敏电阻器一般用于光的测量、光的控制和光电转换（将光的变化转换为电的变化）。常用的光敏电阻器硫化镉光敏电阻器，是由半导体材料制成的。光敏电阻器对光的敏感性（即光谱特性）与人眼对可见光（波长为 $0.4 \sim 0.76 \mu m$）的响应很接近，只要人眼可感受的光，都会引起它的阻值变化。

2.2.8.1 光敏电阻的外形、结构和电路符号

常用的制作材料为硫化镉，另外还有硒、硫化铝、硫化铅和硫化铋等材料。这些制作材料具有在特定波长的光照射下，其阻值迅速减小的特性。这是由于光照产生的载流子都参与导电，在外加电场的作用下作漂移运动，电子奔向电源的正极，空穴奔向电源的负极，从而使光敏电阻器的阻值迅速下降。

通常光敏电阻器都制成薄片结构，以便吸收更多的光能。光敏电阻器通常由光敏层、玻璃基片（或树脂防潮膜）和电极等组成。当它受到光的照射时，半导体片（光敏层）内就激发出电子-空穴对，参与导电，使电路中电流增强。为了获得高的灵敏度，光敏电阻的电极常采用梳状图案，它是在一定的掩膜下向光电导薄膜上蒸镀金或铟等金属形成的。光敏电阻器在电路中用字母"R"或"R_L"、"R_G"表示。光敏电阻器的外形、结构和电路符号如图 2-25 所示。

2.2.8.2 光敏电阻的分类

（1）按半导体材料可分为本征型光敏电阻、掺杂型光敏电阻。后者性能稳定，特性较好，故大都采用它。

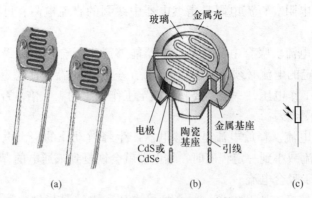

图 2-25　光敏电阻结构和电路符号

(a) 光敏电阻实物图；(b) 光敏电阻的结构；(c) 电路符号

(2) 按光敏电阻的光谱特性可分为：

1) 紫外光敏电阻器。对紫外线较灵敏，包括硫化镉、硒化镉光敏电阻器等，用于探测紫外线。

2) 红外光敏电阻器。主要有硫化铅、碲化铅、硒化铅、锑化铟等光敏电阻器，广泛用于导弹制导、天文探测、非接触测量、人体病变探测、红外光谱、红外通信等国防、科学研究和工农业生产中。

3) 可见光光敏电阻器。包括硒、硫化镉、硒化镉、碲化镉、砷化镓、硅、锗、硫化锌光敏电阻器等。主要用于各种光电控制系统，如光电自动开关门户、航标灯、路灯和其他照明系统的自动亮灭，自动给水和自动停水装置，机械上的自动保护装置和"位置检测器"，极薄零件的厚度检测器，照相机自动曝光装置，光电计数器，烟雾报警器，光电跟踪系统等方面。

2.2.8.3　工作原理

光敏电阻的工作原理是基于内光电效应。如图 2-26 是光敏电阻工作电路。在半导体光敏材料两端装上电极引线，将其封装在带有透明窗的管壳里就构成光敏电阻，为了增加灵敏度，两电极常做成梳状。用于制造光敏电阻的材料主要是金属的硫化物、硒化物和碲化物等半导体。通常采用涂敷、喷涂、烧结等方法在绝缘衬底上制作很薄的光

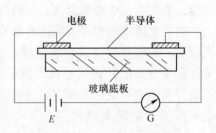

图 2-26　光敏电阻工作电路

敏电阻体及梳状欧姆电极，接出引线，封装在具有透光镜的密封壳体内，以免受潮影响其灵敏度。入射光消失后，由光子激发产生的电子-空穴对将复合，光敏

电阻的阻值也就恢复原值。在光敏电阻两端的金属电极加上电压，其中便有电流通过，受到一定波长的光线照射时，电流就会随光强的增大而变大，从而实现光电转换。光敏电阻没有极性，纯粹是一个电阻器件，使用时既可加直流电压，也可加交流电压。半导体的导电能力取决于半导体导带内载流子数目的多少。

2.2.8.4 光敏电阻的主要参数

（1）光电流、亮电阻。光敏电阻器在一定的外加电压下，当有光照射时，流过的电流称为光电流，外加电压与光电流之比称为亮电阻，常用"100LX"表示。

（2）暗电流、暗电阻。光敏电阻在一定的外加电压下，当没有光照射的时候，流过的电流称为暗电流。外加电压与暗电流之比称为暗电阻，常用"0LX"表示。

（3）灵敏度。灵敏度是指光敏电阻不受光照射时的电阻值与受光照射时的电阻值的相对变化值。

（4）光谱响应。光谱响应又称光谱灵敏度，是指光敏电阻在不同波长的单色光照射下的灵敏度。若将不同波长下的灵敏度画成曲线，就可以得到光谱响应的曲线。

（5）光照特性。光照特性指光敏电阻输出的电信号随光照度而变化的特性。从光敏电阻的光照特性曲线可以看出，随着光照强度的增加，光敏电阻的阻值开始迅速下降。若进一步增大光照强度，则电阻值变化减小，然后逐渐趋向平缓。在大多数情况下，该特性为非线性。

（6）伏安特性曲线。伏安特性曲线用来描述光敏电阻的外加电压与光电流的关系，对于光敏器件来说，其光电流随外加电压的增大而增大。

（7）温度系数。光敏电阻的光电效应受温度影响较大，部分光敏电阻在低温下的光电灵敏度较高，而在高温下的灵敏度则较低。

（8）额定功率。额定功率是指光敏电阻用于某种线路中所允许消耗的功率，当温度升高时，其消耗的功率就降低。

2.2.9 晶闸管

2.2.9.1 晶闸管的符号

晶闸管的电路符号如图 2-27 所示。晶闸管有三个电极：阳极 A、阴极 K 和控制极（门极）G。晶闸管按功率大小和散热要求，其结构有平板型、螺栓型和塑封型等。晶闸管的文字符号常用 SCR、V 表示。

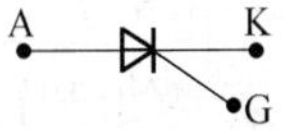

图 2-27 晶闸管
的电路符号

2.2.9.2 晶闸管的内部结构

单向晶闸管的内部结构如图 2-28（a）所示。由图可知，它由四层 P 型半导体和 N 型半导体交替组成，分别为 P_1、N_1、P_2、N_2；内部形成三个 PN 结。由最外层的 P_1、N_2 分别引出两个电极，称为阳极 A 和阴极 K；由 P_2 引出的电极称为控制极 G。

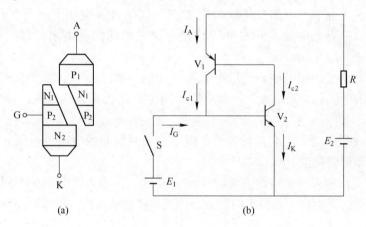

图 2-28 晶闸管内部结构示意图和等效电路

（a）内部结构示意图；（b）等效图

2.2.9.3 晶闸管的工作原理

晶闸管的等效电路如图 2-28（b）所示，可把四个 PNPN 半导体分成两部分：P_1、N_1、P_2 组成 PNP 型管，N_1、P_2、N_2 组成 NPN 型管。

如果在控制极不加电压，无论在阳极与阴极之间加上何种极性的电压，管内的三个 PN 结中，至少有一个结是反偏的，因而阳极没有电流产生，晶闸管不导通。

在控制极 G 与阴极 K 之间加上正向电压 U_{GK}（G 为高电平，K 为低电平），同时 A、K 之间也加上正向电压 U_{AK}。U_{AK} 使 V_1、V_2 的集电结反偏，而 U_{GK} 使 V_2 的发射结正偏，一旦有足够的控制极电流 I_G 流入，就会形成强烈的正反馈，使两个晶体管迅速饱和导通。导通后，其压降很小，电源电压 U_A 几乎全部加到负载上，晶闸管导通后，它的导通状态由本身的正反馈作用来维持，即使控制极电流消失，由于 I_{c1} 远大于 I_G，晶闸管仍处于导通状态。

若要使已导通了的晶闸管关断，可以减小 U_{AK}，直至切断阳极电流，使之不能维持正反馈过程；也可以撤销 U_{AK}，或使之反向。

当在阳极和阴极之间加上反向电压时，由于 V_1、V_2 的反射结均处于反偏，因此无论控制极是否加有电压，晶闸管都不会导通。

由此得出晶闸管具有单向导电性，且只有在控制极和阳极都加上正向电压的前提下，晶体管都可以导通。晶闸管导通后，控制极便失去作用，即使去掉控制极电压，仍维持导通状态。要使已导通的晶闸管关断，必须把正向阳极电压降低到一定值，或加负极性阳极电压。

2.2.9.4 晶闸管的伏安特性

晶闸管阳极-阴极间电压 U_A 与阳极电流 I_A 的关系，称为晶闸管的伏安特性，如图 2-29 特性曲线所示。其中包括正向特性（第一象限）和反向特性两部分（第三象限）。

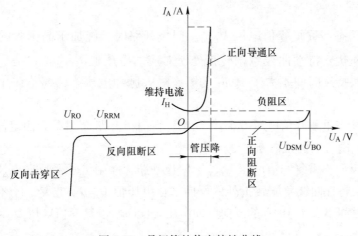

图 2-29 晶闸管的伏安特性曲线

晶闸管的反向特性与一般二极管的反向特性非常相似。在正常情况下，当晶闸管承受反向阳极电压时，晶闸管总是处于阻断状态，只有很小的反向漏电流流过。当反向电压增加到一定数值 U_{RRM} 时，反向偏置电流会突然增加，如再继续增大反向阳极电压到 U_{RO} 时，将会导致晶闸管反向击穿，有可能造成晶闸管的永久性损坏。

晶闸管的正向特性要从阻断状态和导通状态来分析。在正向阻断状态下，即 $U_A < U_{DSM}$，晶闸管的伏安特性是一组随门极电流 I_G 的增加而不同的曲线。当 $I_G = 0$ 时，逐渐增大阳极电压 U_A，只有很小的正向漏电流，晶闸管处于正向阻断状态；随着阳极电压的增加，当达到正向转折电压 U_{BO} 时，漏电流突然急剧增大，晶闸管由正向阻断状态突变为正向导通状态。这种门极注入电流为零，只依靠增大阳极电压而强迫晶闸管导通的方式称为"硬开通"，多次"硬开通"会使晶闸管损坏，所以通常在使用中不允许这样做。另一种导通方式是随着门极电流 I_G 的增

大，晶闸管的正向转折电压 U_{BO} 迅速下降，当 I_G 足够大时，晶闸管的正向转折电压变得很小，可以看成与普通二极管一样，一旦加上正向阳极电压，晶闸管就导通了。晶闸管正向导通状态的伏安特性与普通二极管的正向特性极其相似，即当流过较大的阳极电流时，晶闸管的正向压降很小。当晶闸管正向导通后，要使晶闸管恢复阻断状态，只有逐步减小阳极电流 I_A，当阳极电流 I_A 下降到维持电流 I_H 以下时，晶闸管便由正向导通状态变为正向阻断状态。

晶闸管就像一个可以控制的单向无触点开关。在正向阻断或反向阻断时，晶闸管的电子不是无穷大；在正向导通时，晶闸管的电阻也不为零，存在一定的管压降。

2.2.9.5　晶闸管的主要参数

（1）断态不重复峰值电压 U_{DSM}。门极开路时，施加于晶闸管的阳极电压上升到正向伏安特性曲线急剧转折处所对应的电压值 U_{DSM}。它是一个不能重复，且每次持续时间不大于 10ms 的断态最大脉冲电压。U_{DSM} 值应小于转折电压 U_{BO}。

（2）断态重复峰值电压 U_{DRM}。晶闸管在门极开路而结温为额定值时，允许重复加于晶闸管上的正向断态最大脉冲电压。

（3）反向不重复峰值电压 U_{RSM}。门极开路，晶闸管承受反向电压时，对应于反向伏安特性曲线急剧转折处的反向峰值电压值 U_{RSM}。它是一个不能重复施加且持续时间不大于 10ms 的反向脉冲电压。反向不重复峰值电压 U_{RSM} 应小于反向击穿电压。

（4）反向重复峰值电压 U_{RRM}。晶闸管在门极开路而结温为额定值时，允许重复加于晶闸管上的反向最大脉冲电压。每秒 50 次每次持续时间不大于 10ms。

（5）维持电流 I_H。指晶闸管维持导通所必需的最小电流。一般为几十到几百毫安。维持电流与结温有关，结温越高，维持电流越小，晶闸管越难关断。

2.3　项目实施

2.3.1　元器件的识读与检测

2.3.1.1　三极管的识读与检测

A　三极管的外形

三极管的外形如图 2-30 所示。

图 2-30 三极管实物图

B 三极管的命名

三极管的命名分为五部分，每一部分的具体含义见表 2-5。

表 2-5 三极管的命名规则

第一部分		第二部分		第三部分		第四部分	第五部分
用阿拉伯数字表示器件电极数目		用汉语拼音字母表示器件的材料和极性		用汉语拼音字母表示器件的类型		用阿拉伯数字表示序号	用汉语拼音字母表示规格号
符号	意义	符号	意义	符号	意义		
3	三极管	A	PNP 型锗材料	G	高频小功率管		
				X	低频小功率管		
		B	NPN 型锗材料	A	高频大功率管		
				D	低频大功率管		
		C	PNP 型硅材料	T	闸流管		
				K	开关管		
		D	NPN 型硅材料	V	微波管		
				B	雪崩管		
		E	化合物材料	CS	场效应器件		
				FH	复合管		

C 三极管极性的判别

a 用指针万用表检测晶体三极管电极的方法

小功率晶体管的封装形式及管脚排列差异很大，假如晶体管上的标记已模糊不清，无法根据型号查阅相关手册来确定其电极位置，或标记虽然清楚但相关手册上却查不到的管子，那么可借助于万用表的电阻挡迅速判定电极。

第一步：判定基极。无论是 NPN 管还是 PNP 管，均可看成是由两只二极管反极性串联而成的。由于基区很薄（只有几微米），因此图中用窄方框来表示。利用基极对发射极、集电极具有对称性的特点，可迅速判定基极。具体方法是用一直表笔碰触某个电极，再拿另一支表笔依次触碰其他两个电极，若两次测量出的电阻值都很小（或都很大，但交换表笔后又都很小），即可判定第一支表笔接的是基极。若两次测出的电阻值一大一小，相差很大，说明第一支表笔接的不是基极，应更换其他电极重新测量。

第二步：判定 NPN 管和 PNP 管。若已知黑表笔接的是基极，而红表笔依次接触另外两个电极时测出的电阻值都比较小，则属于 NPN 管。若两次测出的电阻值都比较大，即为 PNP 管。

第三步：判定发射极和集电极。确定基极之后，再测量 e、c 极间电阻，然后交换表笔重测一次，两次电阻值应不相等，其中电阻较小的一次为正常接法。正常接法时对 NPN 管而言，红表笔接 e 极，黑表笔接的是 c 极；对于 PNP 管，黑表笔接的是 e 极，红表笔接的是 c 极。

b　利用数字万用表检测晶体管的方法

由于数字万用表电阻挡的测试电流很小，不适于检测晶体管，因此建议使用二极管挡以及 hFE 挡进行判定。

第一步：判定基极。将数字万用表拨至二极管挡，红表笔固定接某个电极，用黑表笔依次接触另外两个电极，若两次显示值基本相等（均在 1V 以下，或都显示溢出），则红表笔所接是基极。如果两次显示值中有一次在 1V 以下，另一次溢出，则红表笔接的不是基极，应改换其他电极重新测量。

第二步：鉴别 NPN 管与 PNP 管。在确定基极后，用红表笔接基极，黑表笔依次接触其他两个电极。如果都显示 0.55~0.70V，属于 NPN 型；假如两次显示都溢出，则管子属于 PNP 型。

第三步：判定集电极和发射极。为进一步判定集电极与发射极，需借助于 hFE 插口。假定被测管是 NPN 型，需将仪表拨至 NPN 挡。把基极插入 b 孔，剩下两个电极分别插入 c 孔和 e 孔中。测出的 hFE 为几十倍至几百倍，说明管子属于正常接法，放大能力较强，此时 c 孔上插的是集电极，e 孔上插的是发射极。假如测出的 hFE 值只有几倍至几十倍，则管子的集电极与发射极插反了，这时 c 孔插的是发射极，e 孔插的是集电极。检测 PNP 管的步骤相同，但必须拨至 PNP 挡。

2.3.1.2　继电器的识读与检测

A　继电器的外形

继电器的外形如图 2-31 所示。

图 2-31 继电器的外形

B 继电器的命名

继电器的命名方法见表 2-6。

表 2-6 继电器的命名方法

第一部分		第二部分		第三部分	第四部分	
用字母表示类型		用字母表示继电器的形状特征		用数字表示产品序号	用字母表示防护特征	
符号	意义	符号	意义		符号	意义
JR	小功率继电器	W	微型		F	封闭式
JZ	中功率继电器	X	小型		M	密封式
JQ	大功率继电器	C	超小型			
JC	磁电式					
JU	热继电器					
JM	脉冲式					
JS	时间					
JAG	干簧式					
JT	特种					

C 继电器的测试

（1）测触点电阻。用万能表的电阻挡，测量常闭触点与动点电阻，其阻值应为 0；而常开触点与动点的阻值就为无穷大。由此可以区别出哪个是常闭触点，哪个是常开触点。

（2）测线圈电阻。可用万能表 $R \times 10\Omega$ 挡测量继电器线圈的阻值，从而判断该线圈是否存在着开路现象。

（3）测量吸合电压和吸合电流。找来可调稳压电源和电流表，给继电器输入一组电压，且在供电回路中串入电流表进行监测。慢慢调高电源电压，听到继电器吸合声时，记下该吸合电压和吸合电流。为求准确，可以试多几次而求平均值。

（4）测量释放电压和释放电流。也是像上述那样连接测试，当继电器发生吸合后，再逐渐降低供电电压，当听到继电器再次发生释放声音时，记下此时的电压和电流，也可尝试多几次而取得平均的释放电压和释放电流。一般情况下，继电器的释放电压约在吸合电压的 10%~50%，如果释放电压太小（小于 1/10 的吸合电压），则不能正常使用了，这样会对电路的稳定性造成威胁，工作不可靠。

D　正确选用继电器的原则

正确选用继电器要首先满足继电器的主要技术性能，如触点负荷，动作时间参数，机械和电气寿命等，应满足整机系统的要求。其次继电器的结构形式（包括安装方式）与外形尺寸应能适合使用条件的需要。

2.3.1.3　单向晶闸管的识读与检测

A　晶闸管的外形

晶闸管的外形如图 2-32 所示，其中图 2-32（a）所示为螺栓型晶闸管，图 2-32（b）所示为晶闸管模块。

(a)　　　　　　　　　　　　　　　　　　(b)

图 2-32　晶闸管的外形

（a）螺栓型晶闸管；（b）晶闸管模块

B　单向晶闸管的命名

单向晶闸管的命名方法见表 2-7。

表 2-7　单向晶闸管的命名方法

第一部分		第二部分		第三部分		第四部分	
晶闸管特性		晶闸管的类别		晶闸管的额定通态电流值		晶闸管的重复峰值电压级数	
符号	意义	符号	意义	符号	意义	符号	意义
K	晶闸管	P	普通方向阻断型	1	1A	1	100V
		K	快速反向阻断型	5	5A	2	200V
		S	双向型	10	10A	3	300V

C　判定单向晶闸管电极的方法

在门极与阴极之间有一个 PN 结，而在门极与阳极之间有两个反极性串联的 PN 结。因此，用万用表 $R×1Ω$ 挡首先可判定门极 G。具体方法是，将黑表笔接某一电极，红表笔依次碰触另外两个电极，假如有一次阻值很小，约几百欧，另一次阻值很大，约几千欧，就说明黑表笔接的是门极。在阻值小的那次测量中，红表笔接的是阴极 K；而在阻值大的那一次，红表笔接的是阳极 A。若两次测出的阻值都很大，说明黑表笔接的不是门极，应改测其他电极。

D　利用绝缘电阻表和万用表检查晶闸管触发能力

利用绝缘电阻表和万用表检查晶闸管触发能力，将万用表拨至直流 1mA 挡，串联在电路中。首先断开开关，按额定转速摇绝缘电阻表，绝缘电阻表上的读数很快趋于稳定，说明晶闸管已被正向击穿，将绝缘电阻表的输出电压钳位在直流转折电压上。此时晶闸管并未导通，所以毫安表读数为零。然后闭合开关，晶闸管导通，绝缘电阻表读数变成零，由毫安表指示出通态电路值。

E　利用数字万用表检测单向晶闸管触发能力的方法

将数字万用表拨至 PNP 挡，此时，hFE 插口上的两个 e 孔带正电，c 孔带负电，电压仍为 2.8V。晶闸管的 3 个电极各用一根导线引出，将阳极、阴极引线分别插入 e 孔和 c 孔，门极悬空。此时晶闸管关断，阳极电流为零，仪表应显示 000。将门极插入另一个 e 孔，显示值立即从 000 开始迅速增加，直到显示超量程符号"1"。其原因是当门极接高电平时，晶闸管迅速导通，阳极电流从零急剧增大，通过采样电阻 R_0 的电流所产生的压降也迅速升高，显示值的变化过程为：000—1999—溢出。然后断开门极上的引线后仪表仍溢出显示"1"，证明晶闸管在撤去触发信号后仍能维持导通状态。重复上述步骤，以确定晶闸管的触发是否可靠。

2.3.2　声光控节能电灯的制作

2.3.2.1　元器件清点和检测

按照表 2-1 元器件清单清点和检测元器件性能。

2.3.2.2　元器件的预加工

对连接导线、电阻器、电容器等进行剪脚、浸锡以及成形加工。

2.3.2.3　电路装配

按图 2-2 所示电路组装。装配工艺要求如下：

（1）电阻器采用水平紧贴电路板的安装方式。电阻器标记朝上，色环电阻的色环标志顺序方向一致。

（2）二极管采用水平紧贴电路板的安装方式，注意二极管的极性。

（3）电容器采用垂直安装方式，底部离电路板 2~5mm，电解电容注意极性。

（4）插件装配要美观、均匀、端正、整齐，不能歪斜，要高矮有序。焊接时焊点要圆滑、光亮，要保证无虚焊和漏焊。所有焊点均采用直插焊，焊接后剪脚，留引脚头在焊面以上 0.5~1mm。

（5）导线的颜色要有所区别，例如正电源用红线，负电源用蓝线，地线用黑线，信号线用其他颜色的线。

（6）电路安装完毕后不要急于通电，先要认真检查电路连接是否正确，各引线、各连线之间有无短路，外装的引线有无错误。

2.3.2.4 电路调试

接通电源后，首先将整个电路置于光亮环境中，同时用万用表电阻挡检测继电器常开触点的状态。正常时常开触点应处于断开状态。然后将整个电路置于光线昏暗环境中，此时应听到继电器动铁芯"嗒"的吸合声，常开触点闭合，同时万用表指示电阻为零。若此时继电器衔铁不动作，说明电路存在故障，应逐级检查，排除故障。

复习思考题

2-1 三极管具有放大作用的内部条件和外部条件各是什么？

2-2 为什么说三极管放大作用的本质是电流控制作用，如何用三极管的电流分配关系来说明它的控制作用？

2-3 三极管的集电极和发射极对调使用时，放大作用如何？

2-4 三极管在放大电路中均处于放大状态，用电压表测得各电极对地的电压如图 2-33 所示，试判断三极管的类型（NPN 型还是 PNP 型）、材料（硅管还是锗管）及发射极。

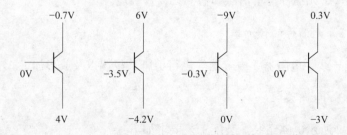

图 2-33 题 2-4 图

2-5 用直流电压表测得放大电路中的几个三极管的三个电极电位见表 2-8，试判断它们是 NPN 型还是 PNP 型，是硅管还是锗管，并确定每个管子的 e、b、c 极。

表 2-8　题 2-5 表

序号	一	二	三	四
U_1/V	2.8	2.9	5	8
U_2/V	2.1	2.6	8	5.5
U_3/V	7	7.5	8.7	8.3

2-6　测得放大电路中两个三极管的两个电极的电流如图 2-34 所示。

（1）求另一电极电流的大小，并标出实际极性；

（2）判断它们是 NPN 型还是 PNP 型；

（3）标出 e、b、c 极；

（4）估算 $\bar{\beta}$ 值。

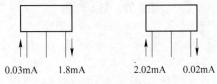

0.03mA　　1.8mA　　　2.02mA　　0.02mA

图 2-34　题 2-6 图

2-7　如图 2-35 所示，已知晶体管 $\beta=50$，负载电阻 $r_{bb'}=100\Omega$，$R_L=3k\Omega$，$R_b=560k\Omega$，$R_c=2.2k\Omega$，$R_s=600\Omega$，$V_{CC}=12V$，$V_{be(on)}=0.7V$，求：（1）计算电路的静态工作点；（2）画出微变等效电路；（3）计算晶体管的输入内阻 r_{be}；（4）计算放大器的电压增益 A_u 和源电压增益 A_{us}；（5）计算放大器的输入输出电阻。

2-8　如图 2-35 所示，已知电路三极管的 $\beta=100$，负载电阻 $R_L=2k\Omega$，$R_b=500k\Omega$，$R_c=3k\Omega$，$r_{bb'}=300\Omega$。试用微变等效电路法求解：（1）不接负载电阻时的电压放大倍数；（2）接负载时的电压放大倍数；（3）电路的输入输出电阻；（4）信号源内阻 $R_s=500\Omega$ 时的源电压放大倍数。

2-9　如图 2-36 所示，已知晶体管 $\beta=50$，$R_{b1}=60k\Omega$，$R_{b2}=30k\Omega$，$R_c=3k\Omega$，$R_e=3k\Omega$，$V_{CC}=16V$，$r_{bb'}=300\Omega$。求：（1）静态工作点；（2）电压放大倍数、输入电阻输出电阻；（3）电容 C_e 开路时电压放大倍数、输入电阻、输出电阻。

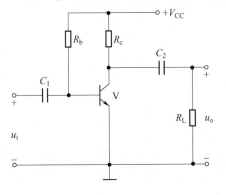

图 2-35　题 2-7、题 2-8 图

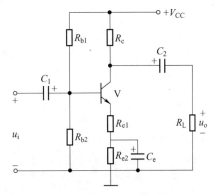

图 2-36　题 2-9 图

2-10 如图 2-37 所示，已知晶体管 $\beta = 50$，$V_{CC} = 12V$，$R_e = 5.6k\Omega$，$R_b = 560k\Omega$，$r_{bb'} = 300\Omega$。求：（1）静态工作点；（2）画出微变等效电路；（3）分别求出 $R_L = \infty$ 和 $R_L = 1.2k\Omega$ 时的电压放大倍数、输入电阻；（4）求输出电阻。

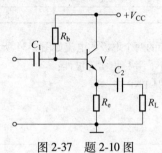

图 2-37 题 2-10 图

项目3 热敏电阻式温度传感器的制作

知识目标

(1) 掌握反馈的概念和反馈的类型；
(2) 熟悉差分放大电路的组成和作用；
(3) 掌握集成运放电路的特点和电压传输特性；
(4) 掌握集成运放的基本应用。

能力目标

(1) 能够判断反馈类型；
(2) 能够分析集成运放的工作原理；
(3) 能够对元器件识别及检测；
(4) 能够对电路进行调试。

3.1 项目描述

热敏电阻式温度传感器是将高精度、高可靠的热敏电阻器与 PVC 导线连接，用绝缘、导热、防水材料封装成所需要的形状，便于安装与远距离测控温度。热敏电阻式温度表具有传感器结构简单、工艺简化、性能稳定、不产生无线电干扰、寿命长等优点，因而被广泛采用。

3.1.1 项目学习情境

图 3-1 为热敏电阻式温度传感器原理电路。图中运放采用 LM324，R_8 采用 2kΩ 正温度系数热敏电阻，稳压管 VD_1 采用 2CW（5V），当温度为 0℃时，热敏电阻值为 2kΩ，输出电压为 0V；当温度为 65℃时，热敏电阻值为 4.5kΩ，输出电压增至 5V。电阻网络 $R_2 \sim R_4$ 组成分压器，分别供给 IC_1、IC_2 同相端以基准电压。IC_1 组成恒流源电路，其电路 I_0 等于 $\dfrac{V_3}{R_7 + R_6} = \dfrac{2V}{R_7 + R_6}$。恒流源大小可通过 R_6 控制，所以 R_6 也是温度设定电位器。恒流源电流 I_0 流过热敏电阻，其输出电压 $u = 12V - I_0 Rt$。IC_2 为比例放大器，输出端稳压管 VD_2 为保护管，将输出电压限制在 5V。

3.1.2　元器件清单

图 3-1 所示热敏电阻式温度传感器电路的元器件清单见表 3-1。

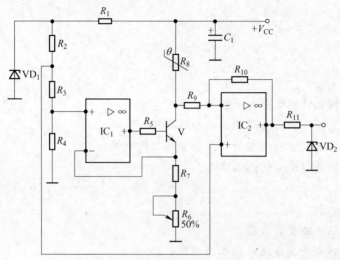

图 3-1　热敏电阻式温度传感器

表 3-1　热敏电阻式温度传感器元器件清单

序号	元件代号	名　称	型号及参数	数量
1	C_1	电解电容器	220μF，16V	1
2	R_1	电阻器	150Ω，1/4W	1
3	R_2、R_7	电阻器	1kΩ，1/4W	2
4	R_3、R_4、R_5	电阻器	2kΩ，1/4W	3
5	R_6	可调电阻器	1kΩ，1/4W	1
6	R_8	热敏电阻器	2kΩ	1
7	R_9、R_{10}	电阻器	330kΩ，1/4W	2
8	R_{11}	电阻器	680Ω，1/4W	1
9	IC_1、IC_2	集成运放	LM324	2
10	VD_1、VD_2	稳压管	2CW5V	2
11	V	晶体三极管	3DK4	1

3.2　知识链接

3.2.1　反馈的基本概念

反馈在电子电路中得到广泛的应用。正反馈应用于各种振荡电路，用作产生各种波形的信号源；负反馈则是用来改善放大器的性能。在实际放大电路中几乎都采取负反馈措施。

3.2.1.1 反馈的定义

将放大器输出信号（电压或电流）的一部分（或全部），经过一定的电路（称为反馈网络）送回到输入回路，与原来的输入信号（电压或电流）共同控制放大器，这样的作用过程称为反馈，具有反馈的放大器称为反馈放大器。

要识别一个电路是否存在反馈，主要是分析输出信号是否会送到输入端，即输入回路与输出回路是否存在反馈通路，或者说输出与输入之间有没有起联系作用的元件。

3.2.1.2 反馈放大器的组成

反馈放大器由基本放大器和反馈网络两部分组成，如图 3-2 所示。图中 $\dot{A}$ 表示开环放大器（也叫基本放大器），$\dot{F}$ 表示反馈网络。$\dot{X}_i$ 表示输入信号（电压或电流），$\dot{X}_o$ 表示输出信号，$\dot{X}_f$ 表示反馈信号，$\dot{X}_{id}$ 表示净输入信号。由图可知

净输入信号为

$$\dot{X}_{id} = \dot{X}_i - \dot{X}_f \tag{3-1}$$

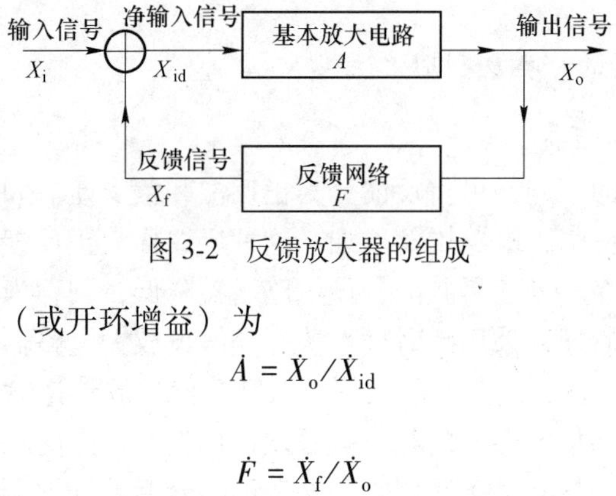

图 3-2　反馈放大器的组成

开环放大倍数（或开环增益）为

$$\dot{A} = \dot{X}_o / \dot{X}_{id} \tag{3-2}$$

反馈系数为

$$\dot{F} = \dot{X}_f / \dot{X}_o \tag{3-3}$$

放大器闭环后的闭合增益为

$$\dot{A}_f = \dot{X}_o / \dot{X}_i$$

得

$$\dot{A}_f = \frac{\dot{X}_o}{\dot{X}_i} = \frac{\dot{X}_O}{\dot{X}_{id} + \dot{X}_f} = \frac{\dot{A}\dot{X}_{id}}{\dot{X}_{id} + \dot{A}\dot{F}\dot{X}_{id}} = \frac{\dot{A}}{1 + \dot{A}\dot{F}} \tag{3-4}$$

上式表明了反馈放大器的增益与开环放大器的放大倍数、反馈系数的关系。上式中：

（1）若 $|1 + \dot{A}\dot{F}| > 1$，则 $|\dot{A}_{\mathrm{f}}| < |\dot{A}|$，说明加入反馈后闭环放大倍数变小了，这类反馈属于负反馈。

（2）若 $|1 + \dot{A}\dot{F}| < 1$，则 $|\dot{A}_{\mathrm{f}}| > |\dot{A}|$，说明加入反馈后闭环放大倍数增加，这类反馈属于正反馈，它使放大电路性能不稳定，在放大电路中一般很少用。

（3）若 $|1 + \dot{A}\dot{F}| = 0$，则 $|\dot{A}_{\mathrm{f}}| \to \infty$，说明在没有输入信号时，也会有输出信号，这种现象称为自激振荡。

3.2.1.3　反馈深度和深度负反馈

从以上分析中可以看出，闭环增益 $\dot{A}_{\mathrm{f}}$ 是开环增益的 $1/(1 + \dot{A}\dot{F})$ 倍，其中把 $1 + \dot{A}\dot{F}$ 称为反馈深度，$1 + \dot{A}\dot{F}$ 越大，反馈越深，$\dot{A}_{\mathrm{f}}$ 就越小。$1 + \dot{A}\dot{F}$ 是衡量反馈强弱的重要指标。

如果 $1 + \dot{A}\dot{F} \gg 1$，则一般称为深度负反馈，此时有

$$\dot{A}_{\mathrm{f}} = \frac{\dot{A}}{1 + \dot{A}\dot{F}} \approx \frac{1}{\dot{F}} \tag{3-5}$$

也就是说，当放大器引入深度负反馈，其闭环增益仅与反馈系数有关，而与放大器本身的参数无关。

3.2.2　反馈的判断

3.2.2.1　反馈的分类及判别方法

A　正反馈和负反馈

根据反馈极性的不同，可将反馈分为正反馈和负反馈。如果反馈信号使放大电路的净输入信号增强，电路增益增加，这种反馈称为正反馈。相反，如果反馈信号使放大电路的净输入信号减弱，使电路增益降低，则称为负反馈。

反馈极性的判断通常采用瞬时极性法。先假设放大电路输入信号对地的瞬间极性为正，用（+）表示，然后按照放大、反馈信号的传递途径，根据各级放大电路输出端与输入端信号电压的相位关系逐级标出有关点的瞬时电位是升高还是降低。升高用（+）表示，降低用（-）表示，最后推出反馈信号的瞬时极性，从而判断反馈信号是增强还是减弱输入信号，使之增强的是正反馈，减弱的是负反馈，如图 3-3 所示。

B　电流反馈和电压反馈

按反馈在输出端的取样形式分类，反馈可分为电流反馈和电压反馈。如果反馈量正比于输出电流，则取样的是电流，称为电流反馈；如果反馈量正比于输出电压，则取样的是电压，称为电压反馈。

电压反馈和电流反馈的判断方法，可以根据反馈取样信号是电压还是电流来

判断。具体方法是：假设输出端的负载短路，这时如果反馈量消失（为零），则是电压反馈；如果反馈量依然存在（不为零），则是电流反馈。使用该方法时要注意是将输出端负载短路，而不是将输出端接地，否则会造成判断错误。

C　串联反馈和并联反馈

串联反馈和并联反馈是以反馈信号与输入信号在输入回路相比较的方式来区分的，与输出端取样的形式无关。若反馈信号送到输入端是以电压相加减形式出现的，这种反馈是串联反馈；若反馈信号表现为电流相加减形式，这种形式是并联反馈。

串联反馈和并联反馈的判断方法，可以根据反馈信号与输入信号在输入端引入的阶段不同来判别。如果反馈信号与输入信号不在同一个节点引入，则为串联反馈；如果反馈信号与输入信号在同一个节点引入，则为并联反馈。

D　直流反馈和交流反馈

在放大电路中，一般都存在着直流分量和交流分量。如果反馈信号只含有直流成分，则称为直流反馈；如果反馈信号只含有交流成分，则称为交流反馈。如果反馈信号既含有直流分量，又有交流分量，则称为交直流反馈。

E　级间反馈和本级反馈

在放大电路中，反馈只局限于本级输出端与输入端之间，这种反馈称为本级反馈；反馈是跨接在放大电路后级输出端与前级输入端之间，这种反馈称为级间反馈。

3.2.2.2　反馈类型的判断

A　电压串联负反馈

图 3-3 中 R_f 为反馈元件，在图中标出瞬时极性。假设同相输入端某一瞬时极性为（+），则运放输出端即三极管基极极性为（+），发射极极性为（+），信号反馈到反相输入端为（+），又因为反馈信号与输入端信号不是接在同一个节点，故为串联负反馈。如果将信号输出端短接，会发现反馈信号消失为零，则可以断定为电压反馈。综合以上判断，该电路为电压串联负反馈。

B　电压并联负反馈

图 3-4 中 R_f 为反馈元件，用瞬时极性判断法，假设输入信号某一瞬间极性为（+），由于电路为共射放大电路，输出端电压倒相极性为（−），反馈信号极性也为（−），使得输入信号与反馈信号相交在同一节点极性相反，故反馈为并联负反馈。将输出端短路，会发现反馈信号消失为零，故为电压反馈。综合以上分析该电路为电压并联负反馈。

C　电流串联负反馈

图 3-5 中电路反馈元件为 R_f，用瞬时极性判断法，假设某瞬间同相输入端极

性为（+），输出端极性为（+），反馈信号极性也为（+），输入信号与反馈信号极性相同且为不同节点，故为串联负反馈。如果将输出端短路，发现反馈信号并没有消失，故为电流反馈。综合以上分析该电路为电流串联负反馈。

D 电流并联负反馈

图 3-6 所示电路中反馈元件为 R_f，用瞬时极性判断法，假设输入端 V_1 管基极瞬间极性为（+），V_1 集电极输出端极性为（-），V_2 管射极极性为（-），反馈信号极性也为（-），输入信号与反馈信号交于同一节点且极性相反，故为并联负反馈。如果将输出端短路，反馈信号并不消失，反馈为电流反馈。综合以上分析该电路为电流并联负反馈。

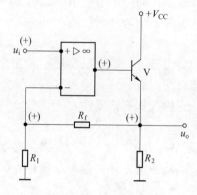

图 3-3 电压串联负反馈

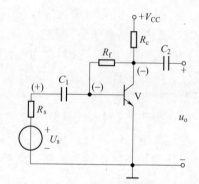

图 3-4 电压并联负反馈

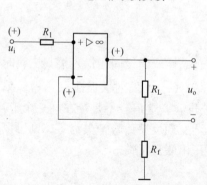

图 3-5 电流串联负反馈

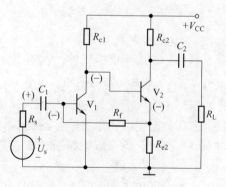

图 3-6 电流并联负反馈

3.2.2.3 负反馈对放大电路性能的影响

（1）提高放大电路增益的稳定性。加入负反馈后，放大电路增益的相对变化是未加负反馈时增益相对变化的 $1/(1 + \dot{A}\dot{F})$。可见反馈越深，放大电路的增益稳定性越好。

（2）减小非线性失真。由于三极管特性的非线性，当输入信号较大时，就会出现失真，在其输出端得到了正负半周不对称的失真信号。当加入负反馈以后，这种失真将可得到改善。输出失真波形反馈到输入端与输入信号合成后，经放大后恰好补偿输出失真波形。

（3）扩展通频带。负反馈电路能扩展通频带。引入负反馈后增益下降，但通频带扩展为原来的 $(1 + \dot{A}\dot{F})$ 倍。通频带的扩展，意味着频率失真的减少，因此负反馈能减少频率失真。

（4）改变输入电阻和输出电阻。放大电路引入负反馈后会使输入、输出电阻发生改变。串联、并联负反馈会改变输入电阻，串联负反馈会使输入电阻增大为原来的 $(1 + \dot{A}\dot{F})$ 倍，并联负反馈会使输入电阻减小为原来的 $1/(1 + \dot{A}\dot{F})$。电压、电流负反馈会改变输出电阻大小，电压负反馈会使输出电阻变为原来电阻的 $1/(1 + \dot{A}\dot{F})$，电流负反馈会使输出电阻变为原来的 $(1 + \dot{A}\dot{F})$ 倍。

3.2.3 集成运放基本知识

3.2.3.1 集成运放电路

A 集成运放电路的组成

图 3-7 所示为集成运放电路组成图。

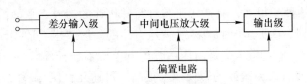

图 3-7 集成运放的组成框图

（1）输入级。对于高增益的直接耦合放大电路，减小零点漂移的关键在第一级，所以要求输入级温漂小、共模抑制比高，因此，运放的输入级都是由具有恒流源的差分放大电路组成。并且通常工作在低电流状态，以获得较高的输入阻抗。

（2）中间电压放大级。运算放大器的总增益主要是由中间级提供，因此，要求中间级有较高的电压放大倍数。中间级一般采用带有恒流源负载的共射放大电路，其放大倍数可达几千倍以上。

（3）输出级。输出级应具有较大的电压输出幅度、较高的输出功率与较低的输出电阻的特点，并有过载保护。一般采用准互补输出级。

（4）偏置电路。偏置电路为各级电路提供合适的静态工作电流，它由各种电流源电路组成。

B　集成运放的封装和电路符号

集成运放常见的两种封装方式是新金属封装和双列直插式塑料封装。金属封装器件是以管键为辨认标志，由器件顶上向下看，管键朝向自己。管键右方第一根引线为引脚1，然后逆时针围绕器件，依次数出其余各引脚。双列直插式器件，是以缺口作为辨认标记。由器件顶上向下看，标记朝向自己，标记右方第一根引线为引脚1，然后逆时针围绕器件，可依次数出其余各引脚。集成运放的电路符号如图3-8所示。

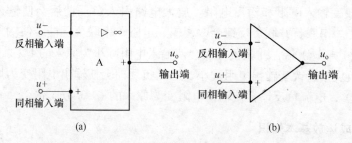

图 3-8　集成运放的电路符号

（a）现行国标；（b）曾用国标

3.2.3.2　集成电路的类型

集成运放的种类很多，有适用于各种特殊用途的运放，下面简单介绍一下。

（1）通用型。这类运放的指标能满足电路的一般要求，适用于对技术指标无特殊要求的电路。它的输入失调电压一般在 2mV 左右，开环增益一般在 100dB。

（2）高速型。该类运放的转换速率很高，可达几百伏/微秒，常用于快速数/模、模/数转换电路。

（3）高精度型。输入失调电压很小，温漂小，共模抑制比高，适用于精密测量，自动控制仪表等设备中。

（4）低功耗型。这类功放能在较低的电源电压下工作，工作电流很小，并有良好的电气性能。适用于对能源有严格限制的遥感、遥测、生物医学、航空航天领域。

（5）高压大功率型。可以工作在较高的电源电压下，具有较高的差模输入电压范围，有较大的输出电流和输出功率。

（6）高输入阻抗型。输入级一般采用 MOS 场效应管，输入阻抗可达 $10^9 \Omega$ 以上，输入电流极小，几乎不从信号源索取电流。适用于测量和采样电路。

3.2.3.3　集成运放的性能指标

（1）开环电压放大倍数 A_{VO}。指集成运放的输出端与输入端之间无外界回路的差模电压放大倍数，也成开环电压增益。A_{VO}通常用来说明运算精度。A_{VO}越大，集成运放的性能越好。

（2）最大输出电压 V_{OM}。指集成运放在额定电源电压下达到最大输出电压时所能输出的最大输出电压峰值。它与集成运放的电源电压有关。

（3）最大输出电流 I_{OM}。指集成运放在额定电源电压下达到最大输出电压时所能输出的最大电流。通用型集成运放一般为几毫安至几十毫安。

（4）输入失调电压 U_{IO}。指输入电压为零时，使输出电压也为零，而在输入端所加的补偿电压。它反映了输入级差分电路的不对称程度，一般为几毫伏。U_{IO}越小越好。

（5）输入失调电流 I_{IO}。指输入电压为零时，集成运放两输入端静态电流的平均值。I_{IO}越小越好。

（6）输入偏置电流 I_{IB}。输入电压为零时，集成运放两个输入端静态电流的平均值。I_{IB}越小越好。

（7）共模抑制比 K_{CMR}。指电路开环状态下，差模电压放大倍数与共模电压放大倍数的比值。K_{CMR}越小越好。

（8）开环输入电阻 r_i。指电路开环状态下，差模输入电压与输入电流的比值。r_i越大，运放性能越好。一般在几百千欧以上。

3.2.4　差分放大电路

3.2.4.1　基本差分放大电路

基本差分放大电路如图 3-9 所示，是由两个完全对称的共射放大电路射极连接在一起组成，有两个输入端和两个输出端。其中三极管 V_1 和 V_2 的参数和特性完全相同，$R_{c1} = R_{c2} = R_c$。显然，两个放大电路的静态工作点和电压增益等均相同。差分放大电路的输出取自两个对称单管放大电路的两个输出端之间，其输出电压为 $u_o = u_{o1} - u_{o2}$，与两单管放大电路的输入电压之差成正比，"差分"的概念由此而来。

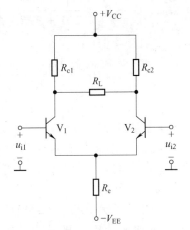

3.2.4.2　差分放大电路的作用

由于两管电路完全对称，因此，静态（$u_i = 0$）时，$U_{C1} = U_{C2}$，此时电路的输出 $U_O = U_{C1} -$

图 3-9　基本差分放大电路

$U_{C2} = 0$。当温度变化等因素引起三极管参数变化时，由于电路对称，变化量也基

本相同 $\Delta U_{C1} = \Delta U_{C2}$ ，所以有 $U_O = (U_{C1} + \Delta U_{C1}) - (U_{C2} + \Delta U_{C2}) = 0$ ，因此差分放大电路能够抑制零点漂移。

3.2.4.3　差模输入信号和共模输入信号

由于差分放大电路有两个输入端，当两个输入端加上两个幅度相同而极性相反的信号，即 $u_{i1} = -u_{i2}$ ，这种输入方式称为差模输入方式，而 $u_{id} = u_{i1} - u_{i2}$ 称为差模输入信号。反之，两个输入端的输入信号极性相同、幅值也相同，即 $u_{i1} = u_{i2} = u_{ic}$ ，则称为共模输入信号，这种输入方式称为共模输入。

3.2.4.4　差分放大电路的四种连接方法

由于差分放大电路有两个输入端，两个输出端，所以有四种连接方式。双端输入-双端输出，双端输入-单端输出，单端输入-双端输出，单端输入-单端输出。这里主要介绍双端输入-双端输出差分放大电路。

3.2.4.5　双入双出差分放大电路分析

A　静态分析

当没有输入信号电压时，即 $u_{i1} = u_{i2} = 0$ ，由于电路完全对称，$R_{c1} = R_{c2} = R_c$ ，$U_{BE1} = U_{BE2} = U_{BE}$ ，这时 $I_{C1} = I_{C2} = I_C$ ，直流通路如图 3-10 所示。

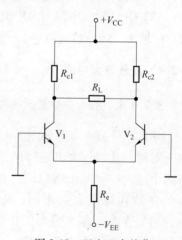

$$I_C = \frac{V_{EE} - U_{BE}}{2(1 + \beta)R_e} \cdot \beta$$

当 $\beta \gg 1$ 时

$$I_C \approx \frac{V_{EE} - U_{BE}}{2R_e} \tag{3-6}$$

$$U_{C1} = U_{C2} = V_{CC} - I_C R_c \tag{3-7}$$

图 3-10　双入双出差分放大电路直流通路

B　动态分析

由于差分放大电路结构为直接耦合方式，因此输入信号可以是直流，也可以是交流信号。

a　差模输入

当差分放大电路输入差模信号时，即 $u_{i1} = -u_{i2}$ ，由于电路对称，集电极电流 i_{c1} 的增加量和 i_{c2} 的减小量相同，即 $\Delta i_{c1} = -\Delta i_{c2}$ ，$\Delta i_{e1} = -\Delta i_{e2}$ ，所以 $\Delta i_e = \Delta i_{e1} + \Delta i_{e2} = 0$ ，则 $\Delta u_{R_e} = 0$ ，可见在差模输入情况下，R_e 可以视为短路。差模交流信号通路如图 3-11 所示，微变等效电路如图 3-12 所示，其中 $R_{L1} = R_{L2} = \dfrac{R_L}{2}$ 。

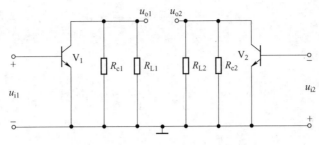

图 3-11 双入双出差模交流通路

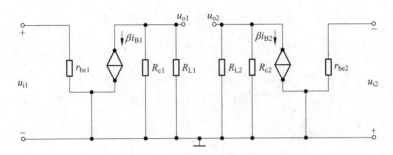

图 3-12 双入双出差模微变等效电路

由双入双出微变等效电路可得，差模电压放大倍数

$$A_{ud} = \frac{u_o}{u_{id}} = \frac{u_{o1} - u_{o2}}{u_{i1} - u_{i2}} = \frac{2u_{o1}}{2u_{i1}} = \frac{u_{o1}}{u_{i1}} = -\frac{\beta(R_c /\!/ R_L)}{r_{be}} = -\frac{\beta R'_L}{r_{be}} \quad (3-8)$$

式中，u_o 是双端输出时差模输出电压，它等于两个输出信号之差；u_{id} 为差模输入电压，它等于两个输入端的差模输入信号之差。

输入电阻是从电路的两个输入端看进去的等效电阻称为差模输入电阻，用 R_{id} 表示。

$$R_{id} = 2r_{be} \quad (3-9)$$

输出电阻是从电路的两个输出端看进去的等效电阻称为差模输出电阻，用 R_O 表示。

$$R_O = 2R_C \quad (3-10)$$

b 共模输入信号

当基本差分放大电路的两个输入端接入共模信号，即 $u_{i1} = u_{i2} = u_{ic}$ 时，因两管的电流增加量相同，即 $\Delta i_{c1} = \Delta i_{c2}$，$\Delta i_{e1} = -\Delta i_{e2}$，所以 $\Delta i_{e1} = 2\Delta i_{e2}$，$\Delta u_{R_c} = 2\Delta I_e R_c$，对每管射极而言等效为接上 $2R_e$ 的电阻，其交流通路如图 3-13 所示，微变等效电路如图 3-14 所示。

由于电路对称，其输出电压 $u_{oc} = u_{oc1} - u_{oc2} \approx 0$，可得共模电压放大倍数为

$$A_{uc} = \frac{u_{oc}}{u_{ic}} = \frac{u_{oc1} - u_{oc2}}{u_{ic}} \approx 0 \qquad (3-11)$$

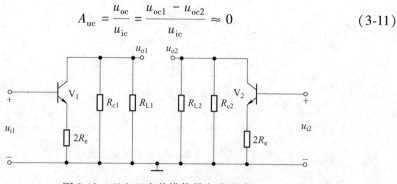

图 3-13　双入双出共模信号交流通路

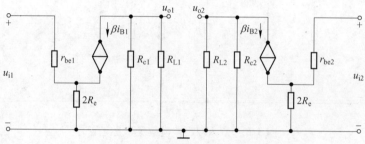

图 3-14　共模信号微变等效电路

由于电路参数实际上不可能完全对称，输出端就会存在一个共模输出电压，但这个电压一样很小，所以共模电压放大倍数通常很低。温漂信号和外界随输入信号一起加入的共模干扰信号都可以看出是共模信号。所以，共模电压放大倍数越小，放大电路的抑制零漂和抗干扰能力越强。

输入电阻

$$R_{ic} = \frac{1}{2} [r_{be} + 2(1 + \beta) R_e] \qquad (3-12)$$

输出电阻

$$R_{oc} = 2R_c \qquad (3-13)$$

c　共模抑制比

差分放大电路能够放大差模信号，抑制共模信号。所以差分放大电路的一个重要指标是对共模信号的抑制能力，通常用共模抑制比 K_{CMR} 来表示，K_{CMR} 值越大，表明电路抑制共模信号的能力越强。其定义为放大电路的差模电压放大倍数与共模电压放大倍数之比的绝对值，即

$$K_{CMR} = \left| \frac{A_{ud}}{A_{uc}} \right| \qquad (3-14)$$

3.2.5 集成运放电路的特性

3.2.5.1 理想集成运放的特点

把具有理想参数的集成运算放大器叫做理想集成运放。它的主要特点有：

（1）环差模电压增益 $A_{uo} \to \infty$；

（2）输入阻抗 $R_{id} \to \infty$；

（3）输出阻抗 $R_{od} \to \infty$；

（4）共模抑制比 $K_{CMR} \to \infty$；

（5）开环带宽 $BW \to \infty$；

（6）转换速率 $S_R \to \infty$。

3.2.5.2 集成运放的电压传输特性

集成运放是一个直接耦合的多级放大器，它的传输特性如图 3-15 所示。图中 *AB* 和 *CD* 段为集成运放工作的非线性区（即饱和区），*BC* 段为集成运放工作的线性区。由于集成运放大电压放大倍数极高，*BC* 段十分接近纵轴。

3.2.5.3 集成运放工作在线性区

A 集成运放工作在线性区的条件

集成运放工作在负反馈条件下，一般工作在线性区，如图 3-16 所示。

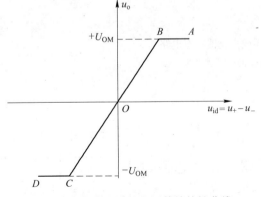

图 3-15 集成运放的电压传输特性曲线

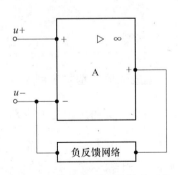

图 3-16 带有负反馈的集成运放

B 特点

（1）"虚短"。由于理想集成运放 $A_{uo} \to \infty$，而输出电压为有限值，则根据式 $u_o = A_{uo}(u_+ - u_-)$，有 $u_+ - u_- = \dfrac{u_o}{A_{uo}} = 0$，即 $u_+ = u_-$，即集成运放工作在线性

区时，其两输入端电位相等，这一特点称为"虚短"。

（2）"虚断"。"虚断"是由于基础运放的开环差模输入电阻 $R_{id} \to \infty$，故可以认为输入端不取电流，因此有 $i_+ = i_- = 0$，这一特点称为"虚断"。

3.2.5.4　集成运放工作在非线性区

A　工作在非线性区的条件

集成运放处于开环状态和正反馈状态，如图 3-17 所示，此时集成运放工作在非线性区。

B　特点

（1）如果集成运放工作在非线性区，输出电压达到饱和值。

当 $u_+ > u_-$，$u_o = + U_{OM}$，

当 $u_- > u_+$，$u_o = - U_{OM}$。

（2）"虚短"现象不存在，"虚断"仍然成立。

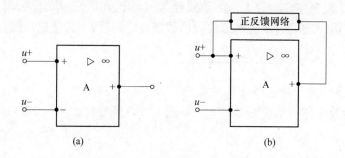

图 3-17　运放开环或正反馈状态电路

（a）开环状态；（b）正反馈状态

3.2.6　集成运放的基本应用

3.2.6.1　反相比例运算电路

在图 3-18 中，输入电压 u_i 经 R_1 加至集成运放的反相输入端，其同相输入端经 R_2 接地。输出电压 u_o 经 R_f 反馈至反相输入端，形成深度的电压并联负反馈。

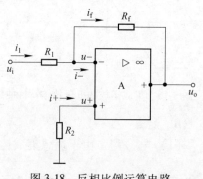

图 3-18　反相比例运算电路

$$i_1 = i_- + i_f$$

$$\frac{u_i - u_-}{R_1} = 0 + \frac{u_- - u_o}{R_f}$$

由于有

$$i_+ = i_- = 0 , \ u_+ = u_- = 0$$

所以有

$$u_o = -\frac{R_f}{R_1} u_i \tag{3-15}$$

可以看出输出电压和输入电压相比倒相，并且呈现一定比例，比例值由 R_f 和 R_1 决定。电路中 $R_2 = R_1 /\!/ R_f$，称为平衡电阻。

3.2.6.2 同相比例运算电路

同相比例放大器电路如图 3-19 所示。图中输入电压 u_i 经 R_2 加至集成运放的同相端。R_f 为反馈电阻，输出电压 u_o 经 R_f 及 R_1 组成的分压电路，取 R_1 的分压作为反馈信号加到运放的反相输入端，形成了深度的电压串联负反馈。R_2 为平衡电阻，其值应为 $R_2 = R_1 /\!/ R_f$。

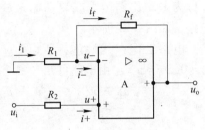

图 3-19　同相比例放大电路

$$i_1 = i_- + i_f$$

$$\frac{0 - u_-}{R_1} = 0 + \frac{u_- - u_o}{R_f}$$

由于"虚短"和"虚断"关系，有

$$i_+ = i_- = 0 , \ u_+ = u_- = u_i$$

故

$$u_o = \left(1 + \frac{R_f}{R_1}\right) u_i \tag{3-16}$$

可见，放大电路输出电压和输入电压相位同一方向，但呈现一定比例输出，比例值与 R_f 和 R_1 有关。

3.2.6.3 加法运算电路

图 3-20 所示电路在反相比例运算电路的反相输入端增加了几个支路就构成了反相加法电路。图中反相输入端有三个输入信号，同相端的平衡电阻值为 $R_3 = R_1 /\!/ R_2 /\!/ R_f$。

电路工作在线性区，所以有 $i_+ = i_- = 0$，$u_+ = u_- = 0$，由电路可知，

$$i_1 + i_2 = i_- + i_f$$

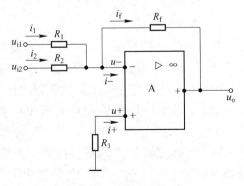

图 3-20　反相加法电路

$$\frac{u_{i1} - u_-}{R_1} + \frac{u_{i2} - u_-}{R_2} = \frac{u_- - u_o}{R_f}$$

$$u_o = -\left(\frac{u_{i1}}{R_1} + \frac{u_{i2}}{R_2}\right)R_f \tag{3-17}$$

可见，该电路输出电压与输入电压之间呈现反相加法关系。

3.2.6.4　减法运算电路

减法运算是指电路的输出电压与两个输入电压之差成比例，减法运算又称为差动比例运算或差动输入放大电路，如图 3-21 所示。

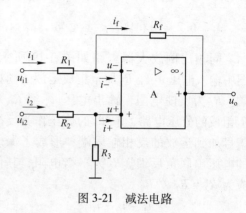

电路工作在线性区，所以有 $i_+ = i_- = 0$，$u_+ = u_-$，由电路可知

$$i_1 = i_- + i_f，\frac{u_{i1} - u_-}{R_1} = 0 + \frac{u_- - u_o}{R_f}$$

$$i_2 = i_+ + i_3，\frac{u_{i2} - u_+}{R_1} = 0 + \frac{u_+ - 0}{R_f}$$

图 3-21　减法电路

当 $R_1 = R_2$，$R_3 = R_f$ 时，

$$u_o = \frac{R_f}{R_1}(u_{i2} - u_{i1}) \tag{3-18}$$

3.3　项目实施

3.3.1　元器件的识读与检测

3.3.1.1　热敏电阻的识读与检测

A　热敏电阻的分类

热敏电阻是敏感元件之一，按温度系数不同可分为正温度系数热敏电阻（PTC）和负温度系数热敏电阻（NTC）和 CTR 热敏电阻。

PTC 热敏电阻是具有正温度系数的热敏电阻现象或材料，可专门用作恒定温度传感器，该材料是以 $BaTiO_3$ 或 $SrTiO_3$ 或 $PbTiO_3$ 为主要成分的烧结体，其中掺入微量的 Nb、Ta、Bi、Sb、Y、La 等氧化物进行原子价控制而使之半导化，常将这种半导体化的 $BaTiO_3$ 等材料简称为半导（体）瓷；同时还添加增大其正电阻温度系数的 Mn、Fe、Cu、Cr 的氧化物和起其他作用的添加物，采用一般陶瓷工艺成形、高温烧结而使钛酸铂等及其固溶体半导化，从而得到正特性的热敏电阻材料。

NTC 热敏电阻是一种典型具有温度敏感性的半导体电阻，它的电阻值随着温度的升高呈阶跃性地减小。NTC 热敏电阻是以锰、钴、镍和铜等金属氧化物为主要材料，采用陶瓷工艺制造而成的。这些金属氧化物材料都具有半导体性质，因为在导电方式上完全类似锗、硅等半导体材料。温度低时，这些氧化物材料的载流子（电子和孔穴）数目少，所以其电阻值较高；随着温度的升高，载流子数目增加，所以电阻值降低。

CTR 临界温度热敏电阻具有负电阻突变特性，在某一温度下，电阻值随温度的增加激剧减小，具有很大的负温度系数。构成材料是钒、钡、锶、磷等元素氧化物的混合烧结体，是半玻璃状的半导体，也称 CTR 为玻璃态热敏电阻。

B　热敏电阻电路符号和实物

热敏电阻的外形有方形、圆片形、管形、蜂窝形、带形和口琴形等，它的实物如图 3-22 所示，电路符号如图 3-23 所示。

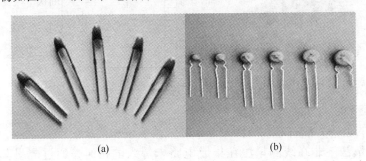

(a)　　　　　　　　　(b)

图 3-22　热敏电阻的外形　　　　　图 3-23　热敏电阻

(a) PTC 热敏电阻；(b) NTC 热敏电阻　　　　电路符号

C　热敏电阻的检测

检测时，用万用表欧姆挡（视标称电阻值确定挡位，一般为 $R \times 1\Omega$ 挡），具体可分两步操作：首先常温检测（室内温度接近 25℃），用鳄鱼夹代替表笔分别夹住 PTC 热敏电阻的两引脚测出其实际阻值，并与标称阻值相对比，二者相差在 $\pm 2\Omega$ 内即为正常，实际阻值若与标称阻值相差过大，则说明其性能不良或已损坏；其次加温检测，在常温测试正常的基础上，即可进行第二步测试——加温检测，将一热源（例如电烙铁）靠近热敏电阻对其加热，观察万用表示数，此时如看到万用表示数随温度的升高而改变，这表明电阻值在逐渐改变（负温度系数热敏电阻器 NTC 阻值会变小，正温度系数热敏电阻器 PTC 阻值会变大），当阻值改变到一定数值时显示数据会逐渐稳定，说明热敏电阻正常，若阻值无变化，说明其性能变劣，不能继续使用。

3.3.1.2　LM324 集成运放的识读与检测

A　LM324 的外形和内部结构

LM324 是四运放集成电路，它采用 14 脚双列直插塑料封装，外形如图 3-24 所示。它的内部包含四组形式完全相同的运算放大器，除电源共用外，四组运放相互独立。LM324 的封装形式为塑封 14 引线双列直插式，其中 4 脚、11 脚为正、负电源端，引脚排列如图 3-25 所示。

图 3-24　LM324 外形图

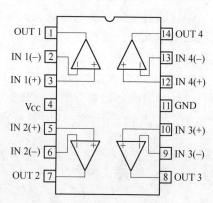

图 3-25　LM324 引脚排列图

B　LM324 的检测

集成电路常用的检测方法有非在线测量法、在线测量法和代换法。

（1）非在线测量法。非在线测量法在集成电路未焊入电路时，通过测量其各引脚之间的直流电阻值与已知正常同型号集成电路各引脚之间的直流电阻值进行对比，以确定其是否正常。

（2）在线测量法。在线测量法是利用电压测量法、电阻测量法及电流测量法等，通过在电路上测量集成电路的各引脚电压值、电阻值和电流值是否正常，来判断该集成电路是否损坏。

（3）代换法。代换法是用已知完好的同型号、同规格集成电路来代换被测集成电路，可以判断出该集成电路是否损坏。

3.3.2　热敏电阻式温度传感器的制作

3.3.2.1　元器件清点和检测

按照表 3-1 热敏电阻式温度传感器元器件清单清点和检测元器件。

3.3.2.2　元器件的预加工

对连接导线、电阻器、电容器等进行剪脚、浸锡以及成形加工。

3.3.2.3　电路装配

按图 3-1 所示电路组装。装配工艺要求如下：

（1）电阻器采用水平紧贴电路板的安装方式。电阻器标记朝上，色环电阻的色环标志顺序方向一致。

（2）稳压二极管采用水平紧贴电路板的安装方式。注意稳压二极管的极性。

（3）电容器采用垂直安装方式，底部离电路板 2~5mm。

（4）LM324 要用集成座，LM324 单电源电压范围为 3~32V，双电源电压范围为正、负 1.5~15V。导线的颜色要有所区别，例如正电源用红线，负电源用蓝线，地线用黑线，信号线用其他颜色的线。

（5）插件装配要美观、均匀、端正、整齐，不能歪斜，要高矮有序。焊接时焊点要圆滑、光亮，要保证无虚焊和漏焊。所有焊点均采用直插焊，焊接后剪脚，留引脚头在焊面以上 0.5~1mm。

（6）导线的颜色要有所区别，例如正电源用红线，负电源用蓝线，地线用黑线，信号线用其他颜色的线。

（7）电路安装完毕不要急于通电，先要认真检查电路连接是否正确，各引线、各连线之间有无短路，外装的引线有无错误。

3.3.2.4　电路调试

接通电源后，用万用表的电压挡测量各个测试点电压。若无电压输出，且调试电位器后仍然没有电压输出，检查集成电路的连接是否正确。若集成电路的连接正确，则断开反馈环，在反馈网络的输入端加一正弦波信号，用示波器观察反馈网络输出电压波形，若无波形输出，说明反馈网络有故障；若有波形输出，应检查运算放大电路。

复习思考题

3-1　填空题

（1）反馈放大电路是由_____和_____电路组成。

（2）一般来说，电压负反馈能够稳定_____，电流负反馈能够稳定_____。

（3）能稳定放大器的放大倍数的反馈极性为_____，能提高放大倍数的反馈类型_____。

（4）为提高放大器的输入电阻，应该在电路中引入_____反馈；为了减小放大电路的输入电阻，应该引入_____反馈。

（5）差分放大电路是由_____电路组成的，它的最重要的作用是_____。

（6）共模抑制比是指_____的能力。

（7）零件漂移是指_____；产生零点漂移的主要原因有_____。

（8）差动放大器的输入输出连接方式有_____种，其差模电压放大倍数与_____方式有关，与_____方式无关。

（9）集成运算放大器线性应用时必须是_____组态；非线性应用时必须是_____或_____组态。

（10）集成运算放大器在线性区有_____和_____两个特点。

3-2　判断题

（1）负反馈放大电路的反馈量仅仅决定于输出量。

（2）负反馈所能抑制的非线性失真是反馈环内产生的非线性失真。

（3）集成运放组成运算电路时，它的反相输入端均为虚地。

（4）理想集成运放构成线性应用电路时，电路增益与运放本身参数无关。

（5）用集成运放组成电压串联负反馈电路。应采用反相输入方式。

3-3　分析图 3-26 所示电路中有无反馈，如果有，请确定反馈元件并判断反馈的类型。

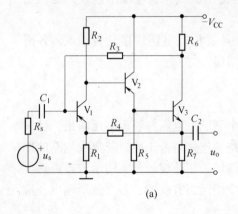

(a)

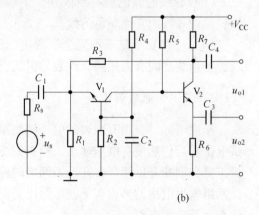

(b)

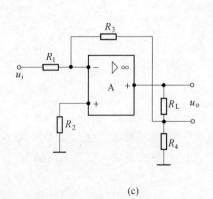

(c)

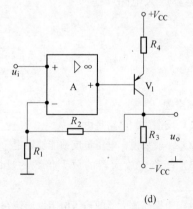

(d)

图 3-26　题 3-3 图

3-4　已知如图 3-27 所示电路均为深度负反馈放大器，分别求出它们的闭环电压放大倍数表达式。

3-5　已知差分放大电路如图 3-28 所示，其中电路参数 $\beta_1 = \beta_2 = 100$，$\dot{U}_{BE1} = U_{BE2} = 0.7\text{V}$。试求：（1）静态工作时的 I_{c1}、I_{c2}、U_{c1} 和 U_{c2}；（2）双端输出时的 A_{ud}、R_{id}、R_o。

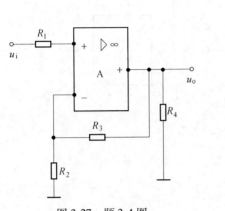

图 3-27　题 3-4 图

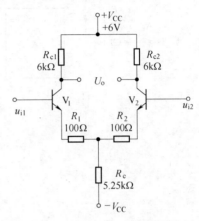

图 3-28　题 3-5 图

3-6　在图 3-29 所示电路中，$u_i = 15\text{mV}$，其中 $R_1 = R_2 = R$，$R_3 = R_4 = 2R$，试计算输出电压 u_o 的大小。

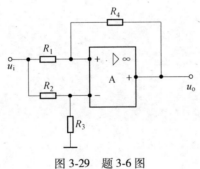

图 3-29　题 3-6 图

3-7　图 3-30 所示电路中，已知 $u_i = 1\text{V}$，试求：（1）开关 S_1、S_2 都闭合时的 u_o 值；（2）S_1 闭合，S_2 断开时的 u_o 值；（3）开关 S_1、S_2 都断开时的 u_o 值。

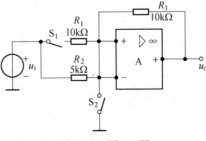

图 3-30　题 3-7 图

3-8　图 3-31 所示电路中，电阻 $R_1 = R_2 = R_5 = 10\text{k}\Omega$，$R_3 = R_4 = 20\text{k}\Omega$，$R_7 = 100\text{k}\Omega$，试求它的输出电压与输入电压之间的关系式。

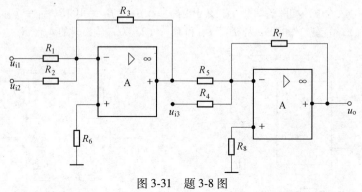

图 3-31　题 3-8 图

项目4 集成式扩音机的制作

知识目标

(1) 理解功率放大电路的特点和分类；
(2) 熟悉 OTL 和 OCL 功率放大电路；
(3) 熟悉集成运放 LM741 的特点；
(4) 熟悉集成功率放大电路 TDA2030 的特点。

能力目标

(1) 能够对功率放大电路识图和分析；
(2) 能够对扩音机整机电路识图和分析；
(3) 能够对扩音机整机电路元器件检测和组装；
(4) 能够使用仪器仪表测量和调试。

4.1 项目描述

在生活和工作的各个领域，经常使用扩音机将音频小信号放大到足够大，满足日常生活和工作的需要。扩音机主要由电压放大和功率放大两部分电路组成，先由电压放大电路将微弱的电信号放大去推动功率放大电路工作，再由功率放大电路输出足够的功率推动扬声器工作，同时需要对音调进行调节。它主要由电源电路、前置放大电路、音量控制电路、功率放大电路等四部分组成，如图 4-1 所示。

图 4-1 扩音机组成框图

4.1.1 项目学习情境

集成功率放大电路具有输出功率大、外围元件少、使用方便的特点，使用越来越广泛。图 4-2 所示是一个实用集成式扩音电路，前置和推动部分采用集成运放 LM741，功率放大部分采用集成功率放大器 TDA2030，电路使用 12V 电源供电。电源电路中使用了 LM7812 和 LM7912 提供正、负电源。

4.1.2 元器件清单

图 4-2 所示集成式扩音机电路元器件清单见表 4-1。

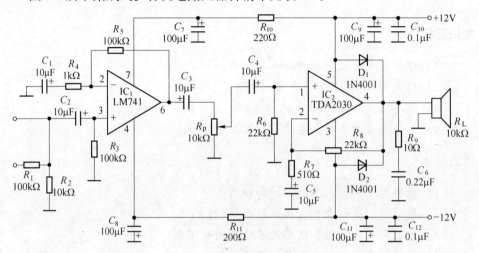

图 4-2 集成式扩音机电路

表 4-1 集成式扩音机元器件清单

序号	元件代号	元件名称	型号及参数	数量
1	VD$_1$、VD$_2$	二极管	1N4001	2
2	R$_1$、R$_3$、R$_5$	电阻器	100kΩ, 1/4W	3
3	R$_2$	电阻器	10kΩ, 1/4W	1
4	R$_4$	电阻器	1kΩ, 1/4W	1
5	R$_6$、R$_8$	电阻器	22kΩ, 1/4W	2
6	R$_7$	电阻器	510Ω, 1/4W	1
7	R$_9$	电阻器	10Ω, 1/2W	1
8	R$_{10}$、R$_{11}$	电阻器	200Ω, 1W	2
9	C$_1$～C$_5$	电解电容	10μF/50V	2
10	C$_6$	聚丙烯电容	0.22μF/63V	2
11	C$_7$～C$_9$、C$_{11}$	电解电容	100μF/50V	2
12	C$_{10}$、C$_{11}$	瓷片电容	0.1μF/63V	3
13	R$_p$	电位器	100kΩ	4
14	IC$_1$	集成运放	LM741	1
15	IC$_2$	集成功放	TDA2030	1
16	Y	扬声器	8Ω/2W	1

4.2 知识链接

4.2.1 功率放大电路概述

功率放大电路是一种以输出较大功率为目的的放大电路。它一般直接驱动负载，带载能力要强，通常作为多级放大电路的输出级。在很多电子设备中，要求放大电路的输出级能够带动某种负载，例如驱动仪表，使指针偏转；驱动扬声器，使之发声；或驱动自动控制系统中的执行机构等。总之，要求放大电路有足够大的输出功率。这样的放大电路统称为功率放大电路。

4.2.1.1 功率放大电路的特点

（1）输出功率足够大。为获得足够大的输出功率，功放管的电压与电流变化范围较大，因此，三极管常常工作在大信号状态，甚至接近极限运用状态。

（2）效率高。功率放大器的效率是指负载上得到的信号功率与电源供给的直流功率之比。对于小信号的电压放大器来说，由于输出功率较小，电源供给的直流功率也小，效率问题还不突出，而对于功放来说，由于输出功率、电源功率均较大，效率的高低就必须考虑。

（3）非线性失真小。功率放大器是在大信号状态下工作，电压、电流变动幅度很大，极易超出功放管的线性区而进入非线性区工作，造成输出波形的非线性失真。因此功率放大器比小信号电压放大器的非线性失真问题严重。在实际应用中，有些设备（如测量系统、电声设备）对失真的要求很严格，因此，必须采取措施避免失真，使之满足负载的要求。

（4）散热少。在功率放大电路中，有相当大的功率消耗在管子的集电结上，使结温和管壳温度升高。为了充分利用允许的管耗而使管子输出足够大的功率，放大器件的散热就成为一个重要问题。

（5）参数选择。在功率放大电路中，为了输出较大的信号功率，管子承受的电压要高，通过的电流要大，功率管损坏的可能性也就比较大，所以功率管的参数选择与保护问题也不容忽视。

4.2.1.2 功率放大电路的分类

A 按照静态工作点选择的不同分类

按照静态工作点的不同功率放大电路又分为甲类、乙类和甲乙类，如图 4-3 所示。

（1）甲类功率放大器。工作点在正常放大区，且 Q 点在交流负载线的中点附近；从而使晶体管在输入信号的整个周期内均处于线性放大区。

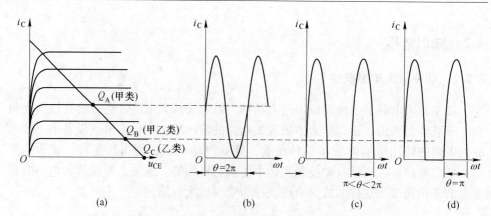

图 4-3　功率放大电路的静态工作点及导通时间
（a）三极管输出特性曲线；（b）甲类；（c）甲乙类；（d）乙类

（2）乙类功率放大器。工作在三极管的截止区与放大区的交界处，且 Q 点为交流负载线和 $i_B=0$ 的那根输出特性曲线的交点。工作时工作点的移动范围一半在线性放大区，一半在截止区。当有信号输入时，一个晶体管只能在半个周期内工作，而在另外半个周期内截止。因此，为了获得完整的信号输出，乙类功率放大器需采用两只晶体管，并使它们交替导通。

（3）甲乙类功率放大器。工作状态介于甲类和乙类之间，Q 点在交流负载线的下方，接近截止区的位置。工作时，工作点的移动范围大部分在放大区小部分在截止区。晶体管的导通时间大于半个周期小于一个周期。这种电路也只能在双管轮流协同工作下才能获得正常输出。

B　按照功率放大器与负载之间的耦合方式不同分类

（1）变压器耦合功率放大器。这种电路效率低、失真大、频响曲线难以平坦，在高保真放大器中极少使用。

（2）OCL（output capacitor less）电路。该电路是一种输出级与扬声器之间无电容而直接耦合的功放电路，频响特性比 OTL 好，也是高保真功率放大器的基本电路。

（3）OTL（output transformer less）电路。该电路是一种输出级与扬声器之间采用电容耦合的无输出变压器功放电路，其大容量耦合电容对频响也有一定影响，是高保真功率放大器的基本电路。

4.2.2　互补对称功率放大器

互补对称功率放大器是功率放大器的基本形式。

4.2.2.1　乙类 OCL 功率放大电路

A　电路组成

图 4-4 所示是乙类 OCL 功率放大电路的原理电路。这个电路采用了双电源供

电的方式，且从晶体管发射极输出端至负载间没有任何的耦合电容，是 OCL 的基本电路。图中 V_1 为 NPN 管型，V_2 为 PNP 管型，要求这两管的特性一致。两管的基极相连作为输入端，两管射极相连作为连接负载的输出端，V_1 管的集电极接正电源，V_2 管集电极接负电源。每个功放管组成共集电极组态放大电路，即射极电压跟随器。

B　电路分析

静态时，由于电路发射结无偏置电压，故两管的 U_{BE}、I_B、I_C 均为零，静态工作点在 $I_B = 0$ 点，每个功放管只有半个周期导通，半个周期截止，所以该功率放大电路属于乙类工作状态。

动态时，当输入信号 u_i 加于电路输入端时，对于 u_i 的正半周，V_1 导通而 V_2 截止，产生电流 i_{c1} 从左向右流经负载 R_L；对于 u_i 的负半周，V_1 截止而 V_2 导通，产生电流 i_{c2} 从右向左流经负载 R_L；从而在整个周期负载 R_L 上得到了一个完整的放大了的输出信号。

从 V_1、V_2 的工作情况来看，两管均处于共集电极工作状态，因而该推挽电路以电流放大来完成功率放大任务。要获得大的功率输出，必须要求前置推动级有足够高的激励电压。同时，共集电极电路具有输出阻抗低的特点，有利于和负载匹配。

由于功率放大电路工作在乙类工作状态时，功放管导通时必须发射结正偏，因此在有信号输入、引起两管交替工作时，在交替点的前后便会出现一段两管电流均为零或严重非线性失真的波形，在负载上便产生了如图 4-5 所示的失真波形，这种失真称为交越失真。这是乙类功率放大器特有的失真。消除交越失真的方法是使两个功放管的工作点稍高于截止点，使两管交替工作处的负载电流能按正弦规律变化。

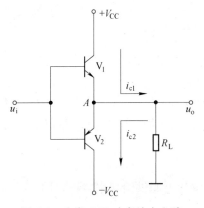

图 4-4　乙类 OCL 功率放大电路

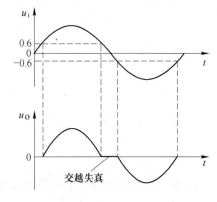

图 4-5　交越失真

C　功率参数的计算

a　输出功率 P_o

输出功率是负载 R_L 上的电流 I_o 和电压 U_o 有效值的乘积。由于推挽电路两管参数完全一致，在定量分析时，可以分析一只功放管的工作情况，另一管的情况基本相同。每个功放管都是半个周期导通、半个周期截止，忽略饱和压降 U_{CES} 及穿透电流 I_{CEO}，则输出功率为：

$$P_o = \frac{U_{om}}{\sqrt{2}} \frac{I_{om}}{\sqrt{2}} = \frac{1}{2} U_{om} I_{om} \tag{4-1}$$

当放大器能够输出的最大电压幅值 $U_{om} \approx V_{CC}$ 时，负载上得到最大输出功率

$$P_{o(max)} = \frac{1}{2} \frac{V_{CC}^2}{R_L} \tag{4-2}$$

b　直流电源供给功率 P_V

对于负载来说，i_{c1} 与 i_{c2} 流过负载的方向是相反的，但它们都是由电源 V_{CC} 提供的，因此在通过电源时，它们的方向总是相同的。当放大器有功率输出时，这个电流的平均值，就是电源提供的平均电流，根据积分运算得

$$P_V = \frac{1}{2\pi} \int_0^{2\pi} V_{CC}(i_{c1} + i_{c2}) \mathrm{d}(\omega t) = \frac{2}{\pi} V_{CC} I_{om} \tag{4-3}$$

c　管耗 P_C

电源提供的功率 P_V 中，一部分转换为放大器的输出信号功率 P_o，另一部分则为管耗 P_C，消耗在功放管内部转变为热能，所以有

$$P_C = P_V - P_o = \frac{2}{\pi} V_{CC} I_{om} - \frac{1}{2} U_{om} I_{om} = \frac{2V_{CC} U_{om}}{\pi R_L} - \frac{U_{om}^2}{2R_L} \tag{4-4}$$

当最大输出电压幅值为 $U_{om} \approx V_{CC}$ 时，则

$$P_{C(max)} = \frac{4}{\pi^2} P_{o(max)} \approx 0.4 P_{o(max)} \tag{4-5}$$

每只功放管的管耗 P_{C1}、P_{C2} 为总管耗 P_C 的一半，即

$$P_C = P_{C1} + P_{C2}$$
$$P_{C1(max)} = P_{C2(max)} \approx 0.2 P_{o(max)} \tag{4-6}$$

选功放管的集电极最大允许耗散功率 P_{CM} 应大于这个值，并留有一定的余量。

d　效率 η

功率放大电路的效率是指集电极输出功率与电源供给功率之比，即

$$\eta = \frac{P_o}{P_V} \tag{4-7}$$

当 $U_{om} \approx V_{CC}$ 时，有

$$\eta_{C(max)} = \frac{P_{o(max)}}{P_V} = \frac{\pi}{4} \frac{U_{om}}{V_{CC}} = \frac{\pi}{4} = 78.5\% \tag{4-8}$$

与甲类功率放大器的最高效率 50% 相比，乙类功率放大器的效率提高了很多。实际应用电路由于饱和管压降 $U_{ce(sat)}$ 和静态 I_{CQ} 不为零，其效率要比此值低。

D　功放管的选择

功率放大器要正常使用，功放管的极限参数 P_{CM}、I_{CM}、U_{BR} 必须满足下列条件：

（1）功放管的集电极最大允许耗散功率

$$P_{CM} \geqslant 0.2 P_{o(max)} \tag{4-9}$$

（2）功放管的最大耐压

$$U_{BR} \geqslant 2 V_{CC} \tag{4-10}$$

（3）最大集电极电流

$$I_{CM} \geqslant \frac{V_{CC}}{R_L} \tag{4-11}$$

实际选择功放管型号时，其极限参数还应留有一定余量，一般要提高 50%~100%。

4.2.2.2　乙类 OTL 功率放大电路

A　电路组成

乙类 OTL 功放电路组成如图 4-6 所示。

B　电路分析

图 4-6 所示电路静态时，前级电路应使基极电位为 $\frac{1}{2} V_{CC}$。如果输入电压为正弦波，当 $u_i > 0$ 时，V_1 导通而 V_2 截止。这时 V_1 的导通电流 i_{c1} 对 C 充电。其充电路径为：V_{CC} 正极 → V_1 管 c 极 → V_1 管 e 极 → C → R_L → V_{CC} 负极，从而在 C 上得到充电电压 U_C，极性如图 4-6 中所示。当 C 上的充

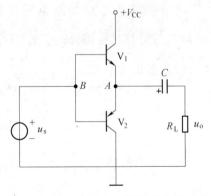

图 4-6　乙类 OTL 功率放大电路

电电压上升至 $U_C = \frac{1}{2} V_{CC}$ 时，对于 V_1 来说，$U_A = U_C$，V_1 失去正偏电压，由导通变为截止。$U_{CE1} = V_{CC} - U_C = V_{CC} - \frac{1}{2} V_{CC} = \frac{1}{2} V_{CC} = V_{CC1}$，由于电容 C 的极性与

V_{CC} 的极性为反向串联，$U_{ce2} = U_{co} = \dfrac{1}{2} V_{CC}$。由于每管的工作电压均为 $\dfrac{1}{2} V_{CC}$，这给互补推挽电路的对称工作提供了必要的条件，这是通过 C 的充电电压代替了 OCL 功率放大电路的负电源 V_{CC2} 而得到的。

OTL 电路两互补管发射极的连接点（图中 A 点）称为 OTL 电路的中点。该点电压 U_A 则称为 OTL 电路的中点电压，且 C 充电结束后，$U_A = U_C = \dfrac{1}{2} V_{CC}$。

当输入信号负半周时，由于电容 C 充电使 A 点电位为 $\dfrac{1}{2} V_{CC}$，V_1 截止而 V_2 导通，C 所储存的能量通过 V_2 向负载 R_L 放电，产生电流 i_{c2}，其路径为：C 正→V_2 管 e 极→V_2 管 c 极→R_L→C 负极。该电流流过负载 R_L，从而得到负半周信号的输出。

V_1、V_2 分别在输入信号的作用下，轮流导通和截止，使电路处于推挽状态，C 工作在充电和放电的状态。由于充、放电的时间很短，且 C 的容量很大，所以在工作过程中，C 上的电压基本保持不变。C 的选择往往与负载 R_L 的阻抗和放大器的下限工作频率有关，一般要求

$$C \geqslant \frac{1}{2\pi f_L R_L} \tag{4-12}$$

当放大器的级数增多时，由于各级对低频的衰减增加，C 还要取大一些，通常取 470～2000 μF。

C　功率参数的计算

由于利用电容 C 使双电源变为单电源，每个功放管的集、射电压变为 $\dfrac{1}{2} V_{CC}$，在计算时可将公式中的 "V_{CC}" 以 "$\dfrac{1}{2} V_{CC}$" 代换。

（1）输出功率 P_o

$$P_o = \frac{U_{om}}{\sqrt{2}} \frac{I_{om}}{\sqrt{2}} = \frac{1}{2} U_{om} I_{om} \tag{4-13}$$

当放大器能够输出的最大电压幅值 $U_{cem} \approx \dfrac{1}{2} V_{CC}$ 时，负载上得到最大输出功率

$$P_{o(max)} = \frac{1}{8} \frac{V_{CC}^2}{R_L} \tag{4-14}$$

（2）直流电源供给功率 P_V

$$P_V = \frac{1}{\pi} V_{CC} I_{cm} \tag{4-15}$$

（3）管耗 P_C

$$P_C = P_V - P_o = \frac{1}{\pi}V_{CC}I_{om} - \frac{1}{2}U_{om}I_{om} \tag{4-16}$$

$$P_{C1(max)} = P_{C2(max)} \approx 0.2P_{o(max)} \tag{4-17}$$

（4）效率 η

$$\eta = \frac{P_o}{P_V} \tag{4-18}$$

当 $U_{om} \approx \frac{1}{2}V_{CC}$ 时，有

$$\eta_{C(max)} = \frac{P_{o(max)}}{P_V} = \frac{\pi}{4} = 78.5\% \tag{4-19}$$

从 OTL 与 OCL 功率放大电路效率的计算可以看出，尽管 OTL 功率放大电路的输出功率和电源供给功率有所不同，但是乙类 OTL 功率放大电路的理想效率最高仍为 78.5%。

D　功放管的选择

功率放大器要正常使用，功放管的极限参数 P_{CM}、I_{CM}、$U_{BR(CEO)}$ 必须满足下列条件：

（1）功放管集电极最大允许耗散功率

$$P_{CM} \geqslant 0.2P_{o(max)} \tag{4-20}$$

（2）功放管的最大耐压

$$U_{BR} \geqslant V_{CC} \tag{4-21}$$

（3）最大集电极电流

$$I_{CM} \geqslant \frac{V_{CC}}{2R_L} \tag{4-22}$$

4.2.3　甲乙类功率放大电路

4.2.3.1　交越失真的消除

在图 4-4 中，互补管均处于零偏状态。由于晶体管输入特性的死区和起始部分的非线性，将使功放电路出现交越失真。要克服这种现象，必须预先对互补管加上一定的正偏电压 V_{BB}，其值约为两管的导通电压之和，如图 4-7 所示。静态时，两管处于微导通的甲乙类工作状态，产生静态工作电流 I_B，这时虽有静态电流 $I_{E1} = -I_{E2}$ 流过负载 R_L，但互为等值反向，不产生输出信号。而在正弦信号作用下，输出为一个完整不失真的正弦波信号，如图 4-8 所示。应注意的是，工作

点 Q 不能太高,否则静态 I_C 太大,使静态功耗太大,导致功率管过热损坏。一般以刚好消除交越失真为宜。

4.2.3.2　甲乙类 OCL 功率放大电路

A　电路组成

电路由两级电路组成,如图 4-9 所示。第一级是由 V_1 管、R 和 R_C 组成的电压激励级,对输入端电压信号进行电压放大。第二级是 V_2 管、V_3 管、R 和负载 R_L 组成的甲乙类 OCL 功率放大电路。

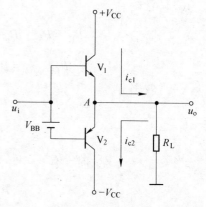

图 4-7　甲乙类 OCL 互补功率放大电路

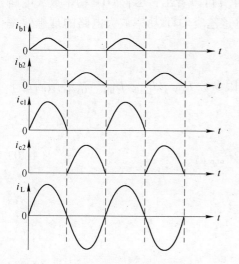

图 4-8　消除交越失真后电流波形

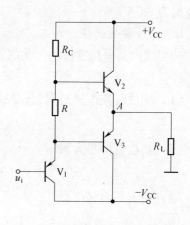

图 4-9　甲乙类 OCL 功率放大电路

B　电路分析

该 OCL 功放电路采用对称的正、负电源供电,$+V_{CC}$ 为 V_2 供电,$-V_{CC}$ 为 V_3 供电,两只互补功放管轮流工作。

静态时,由于 V_2 管和 V_3 管参数一致,OCL 电路输出端的中点电位 $U_A = 0$。OCL 互补功放管的直流偏置仍由两管基极间的偏置电阻 R 得到。

动态时,当输入信号 u_i 为负半周正弦信号,则 V_1 集电极输出为正半周,使 V_2 管导通,u_o 输出也为正半周信号;反之,当输入信号 u_i 为正半周正弦信号,则 V_1 集电极输出为负半周,使 V_3 管导通,u_o 输出也为负半周信号;因此在负载 R_L 上可获得完整的正弦信号。

4.2.3.3 甲乙类 OTL 功率放大电路

A 电路组成

电路由两级电路组成，如图 4-10 所示。第一级是由 V_1 管、R_1、R_2、R_P 和 R_C 组成的电压激励级，对输入端电压信号进行电压放大。第二级是 V_2 管、V_3 管、D_1、D_2、C_2 和负载 R_L 组成的甲乙类 OTL 功率放大电路。

B 电路分析

图 4-10 中 V_1 组成前置放大级，将输入信号进行电压放大后送入功放级，再由 V_2、V_3 组成的互补对称功率放大电路进行功率放大后输出到负载 R_L 上，输出回路中有一个大电容 C_2 与负载 R_L 串联。

在静态时，只需调节 R_P 可使 A 点电位 $U_A = \frac{1}{2} V_{CC}$，因此大电容 C_2 上静态电压也为 $U_C = \frac{1}{2} V_{CC}$，取代了双电源功放的

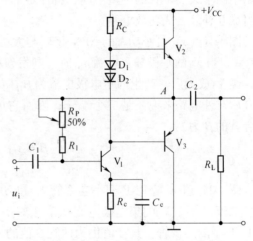

图 4-10 甲乙类 OTL 功率放大电路

$-V_{CC}$。另外，A 点电位通过 R_P、R_1 和 R_2 分压后作为 V_1 管放大电路的偏置电压。同时从 A 点到 V_1 基极引入交直流负反馈，不仅使工作点稳定性提高，还可稳定 u_o。

动态时，当输入信号 u_i 为负半周时，经 V_1 倒相放大后，使 V_3 截止，V_2 导通。这时信号电流流经负载 R_L，同时向 C_2 充电。当信号足够大且在信号的峰值时刻，V_2 饱和使 A 点动态电压接近 $+V_{CC}$，除去电容上压降 $\frac{1}{2} V_{CC}$ 后，使负载获得信号电压幅值为 $U_{om} \approx \frac{1}{2} V_{CC}$；在 u_i 为正半周时，经 V_1 倒相放大后，V_2 截止，V_3 导通。这时 C_2 上的 $\frac{1}{2} V_{CC}$ 电压起电源的作用，与 V_3 和 R_L 形成放电回路。若时间常数 $R_L \cdot C_2$ 远大于信号最长的半周期 $\frac{1}{2} T$，则可以认为电容上电压 $\frac{1}{2} V_{CC}$ 基本不变，在信号电压幅值时刻，在足够大的信号下，V_3 饱和，负载也可以获得的最大幅值为 $U_{om} \approx -\frac{1}{2} V_{CC}$。

4.2.4　复合管功率放大电路

4.2.4.1　复合管的复合原则

由于互补功放级需要有一对异极性的大电流、高耐压的大功率管才能满足要求，而且推动级必须要输出较大的激励电流，才能产生足够的输出功率。在实际电路中两个大功率管的类型不同，特性难求一致，所以常采用复合管来替代，从而组成互补复合式功放电路。

图 4-11 （a）是小功率的 NPN 管 V_1 与大功率的 NPN 管 V_2 复合，设管子的 $i_e \approx i_c = \beta i_b$，当 V_1 的基极输入电流 i_{b1} 时，则发射极电流为 βi_{b1}。它又是 V_2 的基极电流，经 V_2 放大后，产生的集电极电流为 $\beta_1\beta_2 i_{b1}$，方向如图 4-11 （a）所示。因为复合后对外电路来说还是三个端子；因而它可以等效为一个 NPN 型三极管，且复合管的 β 为

$$\beta = \frac{i_c}{i_b} = \frac{\beta_1\beta_2 i_{b1}}{i_{b1}} = \beta_1\beta_2 \tag{4-23}$$

图 4-11 （b）是 PNP 型小功率管 V_1 和 NPN 型的大功率管 V_2 复合。设 V_1 的基极电流为 i_{b1}，V_1 的集电极电流 $\beta_1 i_{b1}$ 正好是 V_2 管的基极电流。同理可等效为一个 PNP 型的三极管，其 β 值仍为两管 β 值的乘积。

从上述复合连接方式可知，复合管的 i_b、i_c、i_e 都符合原来的极性。在复合时，第一个管子为小功率管，第二个管子为大功率管，小功率管的集电极、发射极与大功率管基极、集电极连接。而复合管的极性由第一个管子的极性来决定。这是复合管连接的规律。

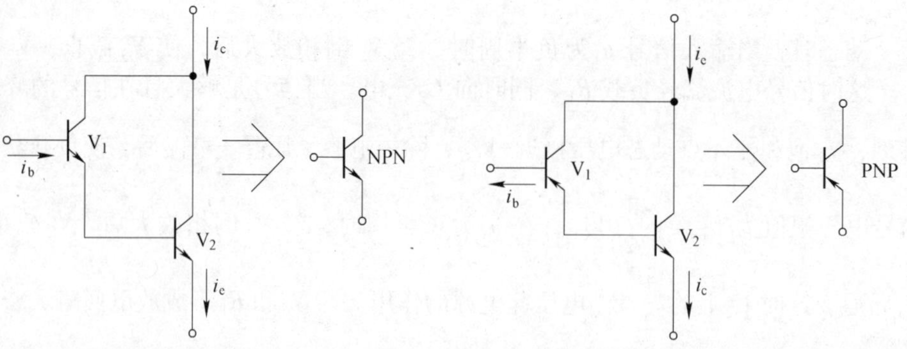

(a)　　　　　　　　　　　　　　　(b)

图 4-11　复合管的连接方法和等效管型

（a）NPN 型与 NPN 型复合；（b）PNP 型与 NPN 型复合

4.2.4.2 复合管 OCL 功率放大电路

如图 4-12 所示，电路由两部分组成：一是由 V_1 管与集电极直流负载电阻 R_{c1} 组成共射放大电路，作为前置放大级（激励级），其作用是将输入信号电压放大到足够大的幅度驱动功放级；二是由两组特性一致的 V_2、V_4 和 V_3、V_5 复合管组成的准互补对称功率放大电路。D_1、D_2、R_{p2} 上的静态压降作为功放级偏置电压，用以消除交越失真，而其动态电阻较小，对信号电压影响不大。电阻 $R_3 \sim R_6$ 使上下两半电路对称，此外 R_4、R_5 还可建立合适工作点。R_7、R_8 具有电流负反馈作用，以改善功放级的性能。

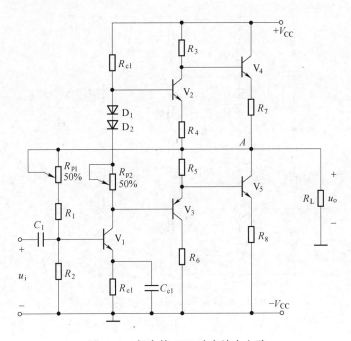

图 4-12 复合管 OCL 功率放大电路

当输入信号 u_i 为负半周正弦信号，则 V_1 集电极输出为正半周，使 V_2、V_4 导通，u_o 输出也为正半周信号；反之，当输入信号 u_i 为正半周正弦信号，则 V_1 集电极输出为负半周，使 V_3、V_5 导通，u_o 输出也为负半周信号。因此在负载 R_L 上可获得完整的正弦信号。

对电路参数调节要求：在功放级上下两半电路特性对称的情况下，接上电源后，中点 A 的静态电位 $U_A = 0V$。如果不为零，可调节 R_{P1} 使 $U_A = 0V$。而 R_{P2} 用来调节在加入信号后刚好不产生交越失真。一般要求 R_{P1}、R_{P2} 需要反复调节，才能使 $U_A = 0$ 而又刚好不失真。

4.2.4.3　复合管 OTL 功率放大电路

图 4-13 所示为由复合管组成的具有自举电路的甲乙类准互补对称功率放大电路。电路由两大部分组成：一是由 V_1 管与集电极直流负载电阻 R_{c1} 组成共射放大电路，作为前置放大级（激励级），其作用是将输入信号电压放大到足够大的幅度驱动功放级；二是由两组特性一致的 V_2、V_4 和 V_3、V_5 复合管组成的功放级，由于 V_4、V_5 为同类型的大功率管，故称为准互补对称功率放大电路，D_1、D_2 和 R_{P2} 上静态压降作为功放级偏置电压，用以消除交越失真，而其动态电阻较小，对信号电压影响不大。

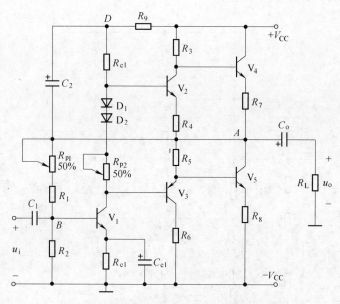

图 4-13　复合管甲乙类 OTL 功率放大电路

R_9、C_2 为自举电路。在静态时，若不考虑 R_9 上较小的压降，则 C_2 两端电压 $U_{C2} \approx \dfrac{1}{2} V_{CC}$。在动态时，由于 $R_9 \cdot C_2$ 的时间常数足够大，电容 C_2 两端电压 U_{C2} 基本保持不变。当 u_i 为负半周时，V_1 集电极输出为正半周，V_2、V_4 导通，u_A 按正半周变化。由于 $u_D = u_{c2} + u_A = U_{C2} + u_A = \dfrac{1}{2} V_{CC} + u_A$，随着 A 点电位在 $\dfrac{1}{2} V_{CC}$ 基础上升高，D 点电位也跟着升高。在 R_9 对 u_D 和电源 V_{CC} 隔离作用下，可使 $u_D > V_{CC}$，这样可保证 V_2、V_4 充分导通。忽略 R_7 小电阻上压降，$u_A \approx V_{CC}$，U_{om} 接近 $\dfrac{1}{2} V_{CC}$，"自举电路"使 D 点电压随输出电压上升而自动抬高，以增加正半周输出幅度。

图 4-13 中，R_{P1} 用来调整 A 点电位，使 $U_A = \frac{1}{2}V_{CC}$；R_{P2} 用来调节交越失真。

电路调试后，要求 $U_A = \frac{1}{2}V_{CC}$。同时使输出波形刚好消除交越失真，在调试过程中不能将 D_1、D_2、R_{P2} 断开，否则均会使 V_4、V_5 管静态电流 I_C 过大，使功率管损坏。调试后，R_{P1}、R_{P2} 值一般用固定电阻取代，以免电位器活动臂触点接触不良引起工作点不正常，甚至使功率管静态电流过大而损坏。

4.2.5　集成功率放大电路

4.2.5.1　集成功率放大电路的特点

集成功率放大电路失真集成运放的基础上发展起来的，其内部与集成运放相似，但是其安全、高效、大功率和失真小的要求，使得它与集成运放又有很大的不同。集成功率放大器电路内部多有深度负反馈网络。

由于集成功率放大器使用和调试方便，体积小，质量轻，成本低，温度稳定性好、功耗低，电源利用率高，失真小，并有过流保护、过热保护、过压保护及自启动、消噪等功能，所以使用非常广泛。集成功率放大器广泛应用于音响产品中，输出功率由几百毫瓦至几百瓦。

4.2.5.2　集成功率放大电路的分类

按照制造工艺分为薄膜混合集成功率放大器和厚膜集成功率放大器；按照芯片的电路构成分为单通道功率放大器和双通道功率放大器；按照频率高低分为高频功率放大器和低频功率放大器；按照使用场合分为通用型和专用型。

近年来市场上常见的主要有以下三家公司的产品。美国国家半导体公司（NSC）的产品，其代表芯片有 LM1875、LM1876、LM3876、LM3886、LM4766、LM4860、LM386 等。荷兰飞利浦公司的产品，其代表芯片有 TDA15 系列，比如 TDA1514、TDA1521。意法微电子公司（SGS）的产品，其代表芯片有 TDA20 系列，比如 TDA2030，以及 DMOS 管的 TDA7294、TDA7295、TDA7296 等。

4.2.5.3　使用集成功率放大电路应注意以下主要问题

由于集成功率放大电路输出功率较大，必须考虑集成功放的散热问题，防止由于热阻太高造成集成电路损坏。一般集成功放的输出电流较大，在特定的情况下会产生自激振荡，因此在设计电路板时要特别注意负载回路、输出补偿回路、输入和反馈回路的接地问题。设计放大器时，要注意电源电压，要考虑电网上电压波动的影响，最高电压不能超过集成功放电路的安全上限。需要考虑到满负荷输出时电压、电流的合理分布。

4.3 项目实施

4.3.1 元器件的识读与检测

电阻器、电容器和二极管等常用元器件的识读与检测在前几个项目中已经进行，在这里不再赘述。主要介绍集成 LM741 和 TDA2030 的识读与检测。

4.3.1.1 LM741 的外形和封装

LM741 是一种应用非常广泛的通用型运算放大器。由于采用了有源负载，所以只要两级放大就可以达到很高的电压增益和很宽的共模及差模输入电压范围。本电路采用内部补偿，电路比较简单，不易自激，工作点稳定，使用方便，而且设计了完善的保护电路，不易损坏。LM741 可应用于各种数字仪表及工业自动控制设备中。LM741 的外形和封装如图 4-14 所示。

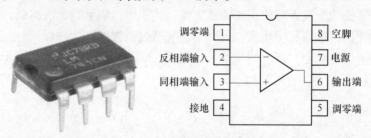

图 4-14　LM741 的外形和封装图

4.3.1.2 集成电路 TDA2030 的外形和封装

TDA2030 是集成音频功放电路，采用 V 型 5 脚单列直插式塑料封装结构。如图 4-15 所示，按引脚的形状可分为 H 型和 V 型。该集成电路广泛应用于汽车立体声收录音机、中功率音响设备，具有体积小、输出功率大、谐波失真和交越失真小等特点。并设有短路和过热保护电路等，多用于高级收录机及高传真立体声扩音装置。TDA2030 的外形和封装如图 4-15 所示。

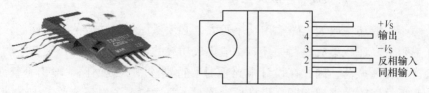

图 4-15　TDA2030 外形和封装

4.3.1.3 集成电路的检测

集成电路常用的检测方法有非在线测量法、在线测量法和代换法。

（1）非在线测量法。非在线测量法在集成电路未焊入电路时，通过测量其各引脚之间的直流电阻值与已知正常同型号集成电路各引脚之间的直流电阻值进行对比，以确定其是否正常。

（2）在线测量法。在线测量法是利用电压测量法、电阻测量法及电流测量法等，通过在电路上测量集成电路的各引脚电压值、电阻值和电流值是否正常，来判断该集成电路是否损坏。

（3）代换法。代换法是用已知完好的同型号、同规格集成电路来代换被测集成电路，可以判断出该集成电路是否损坏。

4.3.2 集成扩音机的制作

4.3.2.1 元器件清点和检测

按照表 4-1 所示电路元器件清单，清点并检测元器件性能。

4.3.2.2 元器件的预加工

对连接导线、电阻器、电容器等进行剪脚、浸锡以及成形加工。

4.3.2.3 电路装配

按图 4-2 所示电路组装。装配工艺要求如下：

（1）电阻器采用水平紧贴电路板的安装方式。电阻器标记朝上，色环电阻的色环标志顺序方向一致。

（2）二极管采用水平紧贴电路板的安装方式，注意二极管的极性。

（3）电容器采用垂直安装方式，底部离电路板 2~5mm，注意电解电容极性。

（4）LM741 要用集成座。集成功率放大器 TDA2030 采用垂直安装方式，为便于散热，必须加散热片。

（5）扬声器安装要注意极性。

（6）插件装配要美观、均匀、端正、整齐，不能歪斜，要高矮有序。焊接时焊点要圆滑、光亮，要保证无虚焊和漏焊。所有焊点均采用直插焊，焊接后剪脚，留引脚头在焊面以上 0.5~1mm。

（7）导线的颜色要有所区别，例如正电源用红线，负电源用蓝线，地线用黑线，信号线用其他颜色的线。

（8）电路安装完毕后不要急于通电，先要认真检查电路连接是否正确，各引线、各连线之间有无短路，外装的引线有无错误。

4.3.2.4　电路调试

将输入信号旋钮旋至零，接通±12V 直流电源，测量集成运算电路 LM741 及集成功率放大器 TDA2030 各管脚对地电压，与参考值进行比较，进而判断电路中各元器件是否正常工作。输入信号改为 MP3 等音频信号源的输出信号，开机试听。如不正常，逐级检查并排除故障。

复习思考题

4-1　功率放大器按输出级与负载连接的方式不同可分为哪几种电路？

4-2　功率放大器按工作状态的不同可分为哪几类？

4-3　在甲类、乙类和甲乙类放大电路中，放大管的导通角分别等于多少？它们中哪一类放大电路效率最高？

4-4　试分析图 4-16 所示复合管中哪些接法是合理的，对合理的接法画出等效管子的类型。

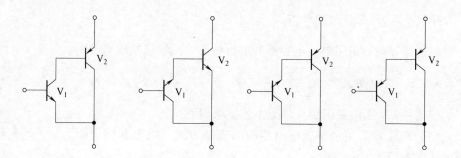

图 4-16　题 4-4 图

4-5　OTL 电路如图 4-17 所示，电容 C 的容量足够大。

（1）设 $R_L = 8\Omega$，功放管的饱和压降 $|U_{CES}|$ 可以忽略不计，若要求电路的最大输出功率为 9W（不考虑交越失真），则电源电压至少应为多少？已知 u_i 为正弦波电压。

（2）设 $V_{CC} = 20V$，$R_L = 8\Omega$，$|U_{CES}|$ 可以忽略不计，估算电路的最大输出功率，并指出功率管的极限参数 P_{CM}、I_{CM}、$U_{(BR)CEO}$ 应满足的条件。

4-6　图 4-18 为一未画全的功率放大电路。要求：

（1）画出三极管 $V_1 \sim V_4$ 的发射极箭头，使之构成一个完整的准互补 OTL 功率放大电路；

（2）说明 V_{D1}、V_{D2}、R_3、C_o 的作用；

（3）已知电路的最大输出功率 $P_{o(max)} = 4W$，估算 V_3、V_4 管集电极-发射极的最小压降。

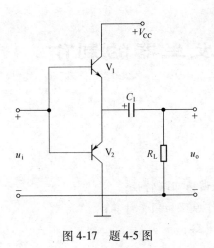

图 4-17　题 4-5 图

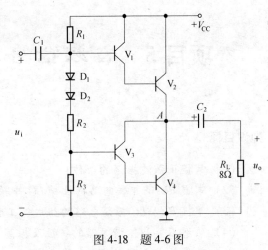

图 4-18　题 4-6 图

项目5　音频信号发生器的制作

知识目标

(1) 掌握正弦波振荡的条件；

(2) 掌握 RC 串并联电路特性和 LC 并联谐振回路特性；

(3) 掌握 RC、LC 振荡电路的组成、工作原理和频率计算；

(4) 熟悉石英晶体谐振器的特性及振荡电路；

(5) 熟悉集成电路 XR2206 的功能。

能力目标

(1) 能够正确认识使用的各种元器件；

(2) 能够使用仪器仪表检测元器件性能和质量好坏；

(3) 能够对 RC、LC 振荡电路进行识图和电路分析；

(4) 能够按照电路要求进行音频信号发生器的组装；

(5) 能够对音频信号发生器进行调试和简单故障处理。

5.1　项目描述

音频信号发生器在音响技术指标的测量中非常重要，除了个别音响技术指标，几乎都要用到音频信号发生器。一般使用的是正弦波信号发生器或方波信号发生器。该项目制作的是正弦波音频信号发生器。

5.1.1　项目学习情境

该项目正弦波音频信号发生器使用的是 XR2206 函数发生器集成电路，其正弦波输出信号的失真小于 2.5%。电路如图 5-1 所示。

为了使电路输出信号频率范围可调，有开关 S_1 可对 20Hz~20kHz 的音频信号在 4 个频率范围进行频率调整。每个电容调整频率范围：C_4(10~100Hz)、C_5(100Hz~1kHz)、C_6(1~10kHz)、C_7(10~100kHz)。在所选择的范围内，其实际频率由可变电阻 R_1 来调整。串联电阻 R_2 保护调整 R_1 时使电阻太小。通过调整电位器 R_3 可调整音频信号发生器输出信号的幅度。对于低失真要求，可在电阻 R_6 处增加校正微调电阻，可获得较好的效果。电源选用范围为+10~+26V 电源。

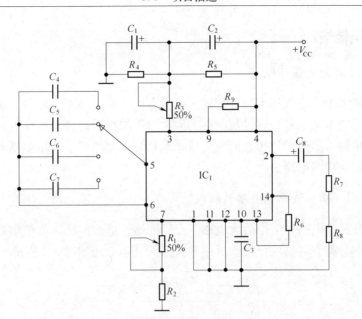

图 5-1 正弦波音频信号发生器

5.1.2 元器件清单

图 5-1 所示音频信号发生器电路元件清单见表 5-1。

表 5-1 音频信号发生器元器件清单

序号	元件代号	名 称	型号及参数	数量
1	IC_1	集成函数信号发生器	XR2206	1
2	C_1、C_2、C_3	电解电容	$10\mu F / 35V$	3
3	C_4	钽电容	$1\mu F / 35V$	1
4	C_5	聚酯树脂电容	$0.1\mu F$	1
5	C_6	聚酯树脂电容	$0.01\mu F / 35V$	1
6	C_7	聚酯树脂电容	$0.001\mu F$	1
7	C_8	电解电容	$100\mu F / 35V$	1
8	R_1	电阻器	$100k\Omega$	1
9	R_2、R_9	电阻器	$10k\Omega$，$1/4W$	2
10	R_3	电阻器	$50k\Omega$	1
11	R_4、R_5	电阻器	5Ω，$1/4W$	2
12	R_6	电阻器	220Ω，$1/4W$	1
13	R_7、R_8	电阻器	470Ω，$1/4W$	2
14	S_1	旋转开关	SP4T	1

5.2　知识链接

5.2.1　振荡电路的基本概念

一个放大器的输入端不接外部输入信号，而在输出端却能获得一定幅度的正弦或非正弦的振荡信号，这种现象称为放大电路的自激振荡。振荡电路就是一种不需要外接输入信号就能将直流能量转换成具有一定频率、一定幅度和一定波形的交流能量输出的电路。

5.2.1.1　正弦波振荡电路的组成

正弦波振荡电路一般由放大电路、反馈网络、选频网络和稳幅电路四部分组成，每一部分都有各自的作用。反馈放大器的基本组成如图 5-2 所示。

图 5-2　反馈放大器的基本组成

（1）放大电路。具有放大作用，是维持振荡电路连续工作的主要环节，放大电路不断将反馈信号放大输出。

（2）反馈网络。将输出信号取出一部分送到输入端，形成正反馈，不断加强输入信号。

（3）选频网络。从众多频率中选择某一频率的信号，滤除其他频率信号，使它满足振荡条件。

（4）稳幅电路。用于稳定振荡信号的幅度。可以利用放大电路自身元件的非线性，也可采用热敏元件或其他自动限幅电路。

5.2.1.2　振荡的条件

A　振荡的起振条件

当振荡电路解调接通电源时，会产生微小的不规则的噪声或扰动信号，它包含各种频率的谐波分量，通过选频网络选择，只选出一种频率 f_o 的信号满足相位平衡条件，如果同时又满足 $|\dot{A}\dot{F}| > 1$ 的条件，经过正反馈和不断放大后，输出信号就会逐渐由小变大，使振荡电路起振。因此振荡电路的起振条件包含两方面：

（1）起振的幅值条件

$$|\dot{A}\dot{F}| > 1 \tag{5-1}$$

（2）起振的相位条件

$$\varphi_A + \varphi_F = 2n\pi, \quad n = 0, 1, 2, \cdots \tag{5-2}$$

即放大电路的相移与反馈网络的相移之和为 $2n\pi$，其中 n 是整数，也就是说反馈应为正反馈。

B　振荡的平衡条件

起振后，随着振荡信号的逐渐增大，放大电路放大倍数应逐渐减小，达到动态平衡，使输出信号 $\dot{X}_o$ 稳定，不再变化。因此振荡的平衡条件为：

（1）平衡的幅值条件

$$|\dot{A}\dot{F}| = 1 \tag{5-3}$$

（2）平衡的相位条件

$$\varphi_A + \varphi_F = 2n\pi, \quad n = 0, 1, 2, \cdots \tag{5-4}$$

可以看出振荡平衡的相位条件与振荡起振所需相位条件相同。

5.2.2　*RC* 正弦波振荡电路

RC 正弦波振荡电路是由于选频、反馈网络是由 *RC* 串并联电路构成而命名的。*RC* 正弦波振荡电路适于产生振荡频率低于几百千赫兹的正弦波信号。

在图 5-3 所示电路中，假设在 1、3 端输入一个幅度稳定的正弦电压 U_1，当其频率变化时，观察并联 R_2C_2 两端电压 U_2 的变化情况。设 1、3 端阻抗为 Z_1，2、3 端阻抗为 Z_2，其中 $R_1 = R_2 = R$，$C_1 = C_2 = C$，经计算电压 U_1 与 U_2 之比为

$$\dot{F} = \frac{U_1}{U_2} = \frac{Z_2}{Z_1 + Z_2} = \frac{\dfrac{R}{1 + j\omega RC}}{R + \dfrac{1}{j\omega C} + \dfrac{R}{1 + j\omega RC}}$$

$$\dot{F} = \frac{1}{3 + j\left(\dfrac{\omega}{\omega_o} - \dfrac{\omega_o}{\omega}\right)}$$

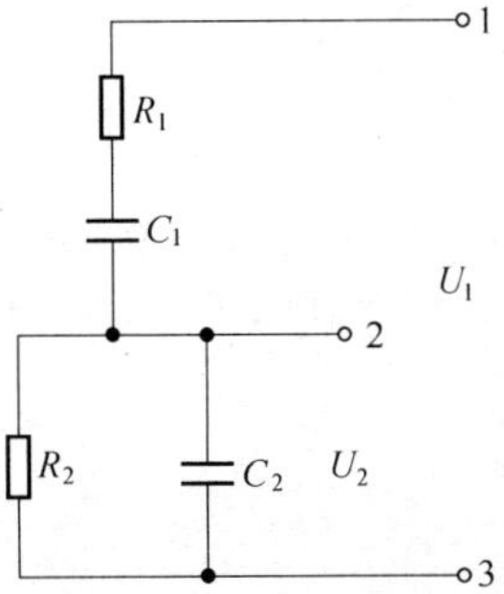

图 5-3　*RC* 串并联电路

幅频特性为

$$|\dot{F}| = \frac{1}{\sqrt{3^2 + \left(\dfrac{\omega}{\omega_o} - \dfrac{\omega_o}{\omega}\right)^2}} \tag{5-5}$$

相频特性为

$$\varphi_F = -\arctan\left(\frac{\dfrac{\omega}{\omega_o} - \dfrac{\omega_o}{\omega}}{3}\right) \tag{5-6}$$

经以上分析得出结论

（1）当 $\omega = \omega_o = 1/RC$ 时，$\dot{F}$ 的幅值最大

$$|\dot{F}|_{max} = \frac{1}{3} \tag{5-7}$$

（2）当 $\omega = \omega_o = 1/RC$ 时，$\dot{F}$ 的相位角为零，即

$$\varphi_F = 0 \tag{5-8}$$

（3）当 $\omega = \omega_o = 1/RC$ 时

$$f = f_o = \frac{1}{2\pi RC} \tag{5-9}$$

图 5-4 是 RC 串并联电路的频率特性曲线。通过以上分析可以看出，当信号的频率为 $f = f_o = \dfrac{1}{2\pi RC}$ 时，$\dot{U}_2$ 的幅值达到最大，同时 $\dot{U}_2$ 与 $\dot{U}_1$ 同相位。

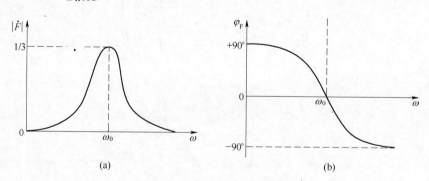

图 5-4　RC 串并联电路的频率特性

（a）幅频特性曲线；（b）相频特性曲线

5.2.3　RC 桥式振荡电路

5.2.3.1　电路组成

RC 桥式振荡电路是由 RC 串并联电路和放大电路构成，如图 5-5 所示。串并

联电路中 R_1、C_1串联部分，R_2、C_2并联部分，以及负反馈支路中的 R_f和 R 构成了电桥的四个臂，因此该电路又称为 RC 桥式振荡电路。该电路放大电路部分是同相比例运算放大电路，RC 串并联电路既是选频电路也是反馈电路。一般情况下，$R_1 = R_2 = R$，$C_1 = C_2 = C$。

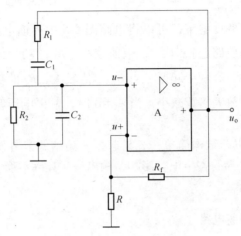

图 5-5 RC 正弦波振荡电路

5.2.3.2 振荡的判断

A 相位条件的判断

该电路是否能振荡，可用相位平衡条件来判断反馈电路是否属于正反馈。其方法是将反馈端断开，引入一个极性正的输入信号，根据瞬时极性判断法和 RC 串并联网络的 $\varphi_F = 0$ 的特点，经判断可看出，$\dot{U}_f$ 与 $\dot{U}_i$ 极性相同，该反馈为正反馈，所以该电路符合正弦波振荡的相位平衡条件。

B 幅值条件的判断

根据振荡起振的幅值条件

$$|\dot{A}\dot{F}| \geqslant 1 , \quad |\dot{F}| = \frac{1}{3} \tag{5-10}$$

要求同相比例放大电路的电压放大倍数

$$A_f = 1 + \frac{R_f}{R_1} \geqslant 3$$

故应满足

$$R_f \geqslant 2R_1$$

这样该电路就能够振荡。

C 振荡频率的计算

由于同相比例运算电路的输出阻抗可视为零，而输入阻抗远比 RC 串并联电

路的阻抗大很多，因此，电路的振荡频率可以认为只由串并联网络的参数决定，即

$$f_o = \frac{1}{2\pi RC} \qquad (5\text{-}11)$$

D 常用的稳幅措施

为了使输出信号幅度稳定，可以将电路图 5-5 中反馈电阻 R_F 采用负温度系数的热敏电阻。振荡电路起振时，$\dot{U}_o$ 幅值较小，R_f 的功耗较小，阻值较大，于是电压放大倍数较大，有利于起振。当 $\dot{U}_o$ 幅值较大，R_f 的功耗增大，它的阻值反而减小，于是电压放大倍数减小，当 $\dot{A}_f = 3$ 时，输出电压幅值稳定，达到稳幅的目的。

RC 正弦波振荡电路结构简单，容易起振，频率调节方便，但由于选频网络中 R 值太小，电容 C 易受寄生电容影响，输出信号频率不稳定，适用于产生振荡频率 $f_o < 1\text{MHz}$ 的场合。

5.2.4 LC 正弦波振荡电路

LC 正弦波振荡电路是由 LC 并联作为选频网络的振荡电路的，与 RC 正弦波振荡电路的组成原则本质上是相同的，RC 正弦波振荡器的输出频率较低，LC 正弦波振荡电路能产生几十兆以上的正弦波信号。

5.2.4.1 LC 并联网络的选频特性

并联 LC 选频网络如图 5-6 所示，其中 R 表示电感和电容的等效损耗电阻。选频网络截止三极管放大电路的输出端，可用恒流源 $\dot{I}_s$ 近似等效三极管恒流源的作用。电感 L 与电阻 R 串联后与电容 C 并联，通过计算可知

LC 并联回路的总阻抗

$$Z = \frac{R_p}{1 + jQ(\omega/\omega_o - \omega_o/\omega)}$$

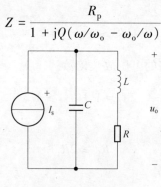

图 5-6 LC 并联回路

幅值

$$| Z | = \frac{R_\text{p}}{\sqrt{1 + [\, Q(\omega/\omega_\text{o} - \omega_\text{o}/\omega)\,]^2}} \tag{5-12}$$

幅角

$$\varphi = - \arctan \left[Q \left(\frac{\omega}{\omega_\text{o}} - \frac{\omega_\text{o}}{\omega} \right) \right] \tag{5-13}$$

通过幅值、幅角公式可知，在任意频率（或角频率）时的幅角变化与幅值变化通过图 5-7 所示图形表示，称为幅频特性 [图 5-7（a）] 和相频特性 [图 5-7（b）]。

当 $f = f_0$，$Z = R_\text{p}$，$\varphi = 0°$ 时，回路为谐振状态，LC 并联回路等效为纯电阻。此时回路的谐振频率

$$f_\text{o} = \frac{1}{2\pi\sqrt{LC}} \tag{5-14}$$

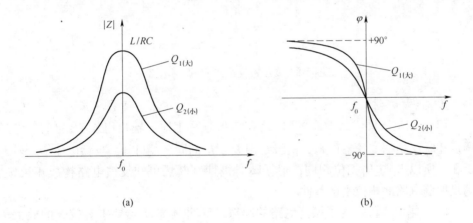

(a)　　　　　　　　　　　　　　　　　　　(b)

图 5-7　LC 并联回路频率特性

（a）幅频特性曲线；（b）相频特性曲线

谐振时阻抗

$$Z_0 = \frac{L}{RC} \tag{5-15}$$

这时输出电压 U_0 达到最大，且输出 U_0 与 $\dot{I}_\text{s}$ 同相位。当外加信号频率 f 偏离 f_o 时，LC 并联网络的阻抗很快下降，且相位差 $\varphi \neq 0$，偏离越大，$|Z|$ 越小，$|\varphi|$ 越大，其幅频和相频特性如图 5-7 所示。在 L、C 不变情况下，R 越小，回路谐振时的能量损耗越小。

5.2.4.2　变压器反馈式 *LC* 振荡电路

A　电路组成

图 5-8 中变压器反馈式振荡电路由共射组态放大电路、*LC* 选频电路和变压器反馈电路构成。

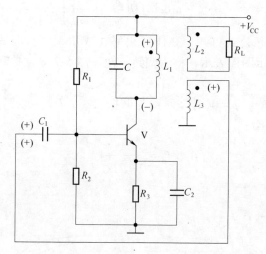

图 5-8　变压器反馈式 *LC* 振荡电路

B　振荡的判别

（1）相位条件。当 *LC* 并联回路在谐振频率上时，输出电压 U_o 与输入电压 U_I 反相。又根据变压器的初、次级线圈 L_1、L_3 的同名端可知，反馈电压 U_f 与 U_O 反相，所以 U_f 与 U_I 相位相同，根据瞬时极性判断法可知反馈电路构成正反馈，满足振荡电路的相位平衡条件。

（2）幅值条件。为了振荡电路的起振，*LC* 谐振放大器要求有较大的放大倍数，这个共射极放大电路可以满足要求，而反馈电路的传输系数决定于变压器 T 的匝数比，当初级线圈匝数为 N_1，次级线圈匝数为 N_2，由图可见 $\dot{F} = \dfrac{\dot{U}_f}{\dot{U}_O} = \dfrac{N_2}{N_1}$。

通常，实用振荡电路中，变压器采用降压变压器，所以反馈系数小于 1，只要匝比选择合适，该振荡电路的环路放大倍数在起振阶段完全可以做到大于 1 而满足 $|\dot{A}\dot{F}| > 1$ 的振幅起振条件。

随着振荡幅度的增大，u_i 幅度也越来越大，放大器的工作状态由线性进入非线性状态，再加上电路中偏置电路的自给偏压效应，使得晶体管的基极偏置电压随 u_i 的增大而减小，进一步是放大器的工作状态进入乙类或丙类非线性工作状态。相应的放大电路放大倍数随着减小，直至 $|\dot{A}\dot{F}| = 1$，振荡进入平衡状态，输

出波形电压幅值稳定。

（3）振荡频率。因为只有在 LC 回路谐振频率上，电路才能满足振荡的相位条件。所以振荡频率 f_o 近似等于 $f_o = \dfrac{1}{2\pi\sqrt{LC}}$。

5.2.4.3 电感三点式振荡电路

电感三点式振荡器原理如图 5-9（a）所示，图中 R_{b1}、R_{b2}、R_e 组成分压式偏置电路，C_e 为发射极旁路电容，C_b、C_c 分别为基极和集电极隔直电容，R_c 为集电极直流负载电阻。C 和 L_1、L_2 为并联谐振回路。它的交流通路如图 5-9（b）所示，可以明确看出为电感三点式振荡电路。

由图 5-9 可知，当 L_1、L_2、C 并联回路谐振时，输出电压 U_o 与输入电压 U_i 反相，而反馈电压 U_f 与 U_o 反相，所以 U_f 与 U_i 同相，电路在回路谐振频率时构成正反馈，满足了振荡电路的起振和平衡时的相频条件。

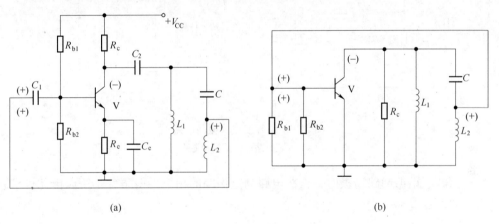

图 5-9　电感三点式振荡器

（a）原理电路；（b）交流通路

由此可得电路的振荡频率 f_o 为

$$f_o \approx \frac{1}{2\pi\sqrt{(L_1 + L_2)C}} \tag{5-16}$$

振荡器的反馈系数为

$$\dot{F} = \frac{\dot{U}_f}{\dot{U}_o} = -\frac{L_2}{L_1} \tag{5-17}$$

电感三点式振荡器的优点是容易起振，另外，改变谐振回路的电容 C，可方便地调节振荡频率。但由于反馈信号取值电感 L_2 两端压降，而 L_2 对高次谐波呈现高阻抗，故不能抑制高次谐波的反馈，因此，振荡器输出信号中的高次谐波成分较大，信号波形差。

5.2.4.4　电容三点式振荡器

电容三点式振荡器又称考毕兹振荡器，其原理电路如图 5-10（a）所示。交流通路如图 5-10（b）所示。由图可见 C_1、C_2、L 并联谐振回路构成反馈选频网络。由于反馈信号 U_f 取自电容 C_2 两端电压，故称为电容反馈三点式 LC 振荡器，简称为电容三点式振荡器。

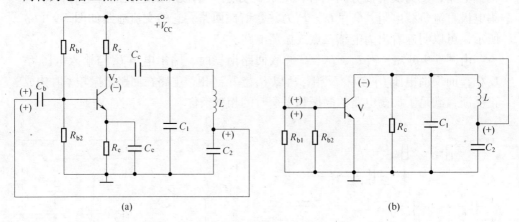

图 5-10　电容三点式振荡电路
（a）原理电路；（b）交流通路

当并联谐振回路谐振时，振荡电路满足振荡的相位平衡条件，所以由此可求得电路的振荡频率为

$$f_o \approx \frac{1}{2\pi\sqrt{LC}} \tag{5-18}$$

式中，$C = C_1 C_2 / (C_1 + C_2)$ 为并联谐振回路串联总电容值。由式可得电路的反馈系数

$$\dot{F} = \frac{\dot{U}_f}{\dot{U}_O} = -\frac{C_1}{C_2} \tag{5-19}$$

由此可知，当增大 C_1 与 C_2 的比值，可增大反馈系数值，有利于起振和提高输出电压的幅度，但它会使三极管的输入阻抗影响增大，致使回路的等效品质因数下降，不利于起振，同时波形的失真也会增大，所以 C_1/C_2 不宜过大。

电容三点式振荡电路的反馈信号取自电容 C_2 两端，因为电容对高次谐波呈现较小的容抗，反馈信号中高次谐波分量小，故振荡输出波形好。但当通过改变

C_1或 C_2 来调节振荡频率时，同时会改变正反馈量的大小，因而会使输出信号幅度发生变化，甚至会使振荡器停振。所以电容三点式振荡电路频率调节很不方便，故适用于频率调节范围不大的场合。

5.2.5　石英晶体振荡器

在 LC 振荡器中，它的频率稳定度一般很难达到 10^{-5} 数量级。为了进一步提高振荡频率的稳定度，可采用石英谐振器作为选频网络，构成晶体振荡器，其频率稳定度一般可达到 $10^{-8} \sim 10^{-6}$ 数量级，甚至更高。这是因为石英谐振器具有极高的 Q 值和很高的标准性。

5.2.5.1　石英晶体谐振器及其特性

石英是一种各向异性的结晶体，其化学成分是 SiO_2。从一块晶体上按一定的方位角切割成的薄片称为晶片，它的形状可以是正方形、矩形或圆形，然后在晶片的两面涂上银层作为电极，电极上焊出的两根引线固定在管脚上，就构成了石英晶体谐振器，它的电路符号如图 5-11（a）所示。

当石英晶片的两个电极加上交变电压时，石英晶体谐振器就会随着交变电压的频率产生周期性的机械振动，同时，机械振动又会在两个电极上产生交变电荷，并形成交变电流。当外加交变电压的频率与石英晶片的固有振动频率相等时，晶片便发生共振，此时晶片的机械振动性最强，晶片两面的电荷数量和其间的交变电流最大，产生了类似于 LC 回路中的串联谐振现象，这种现象称为石英晶体的压电谐振。为此，晶片的固有机械振动频率又称它的谐振频率，其值与晶片的几何尺寸有关，具有很高的稳定性。石英晶体谐振器的等效电路如图 5-11（b）所示。

图 5-12 是石英晶体谐振器的谐振特性曲线。通过谐振特性曲线可以看出，石英谐振器有两个谐振频率，一个是当 L_q、C_q、r_q 支路发生串联谐振时，等效阻抗最小，若不考虑损耗电阻 R，这时 $X = 0$，回路的串联谐振频率

$$f_s \approx \frac{1}{2\pi\sqrt{L_q C_q}} \tag{5-20}$$

另一个是由 L_q、C_q、C_o 构成的并联回路的谐振频率

$$f_p \approx \frac{1}{2\pi\sqrt{L_q \dfrac{C_o C_q}{C_o + C_q}}} = f_s\sqrt{1 + \frac{C_q}{C_o}} \tag{5-21}$$

因 $C_o \gg C_q$，f_s 与 f_p 非常接近。由图还可看出当 $f_s < f < f_p$ 时，石英晶体呈电感性，其余频率范围内，石英晶体均呈容性。

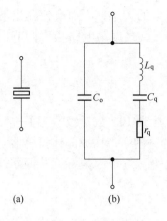

(a)　　　　　(b)

图 5-11　石英晶体谐振器

（a）电路符号；（b）等效电路

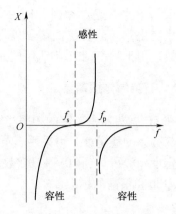

图 5-12　石英晶体谐振器的电抗曲线

5.2.5.2　石英晶体振荡电路

用石英晶体构成的正弦波振荡器基本电路有两类。一类是石英晶体作为高 Q 电感元件与回路中的其他元件形成并联谐振，称为并联型晶体振荡器；另一类是石英晶体工作在串联谐振状态，作为高选择性短路元件，称为串联型晶体振荡器。

A　并联型晶体振荡器

图 5-13 所示为并联石英晶体振荡器的原理电路及其交流通路。石英晶体与外部电容 C_1、C_2 构成并联谐振回路，它在回路中必须起电感作用，参与谐振选频的过程，这样使得该电路构成电容三点式 LC 振荡器。

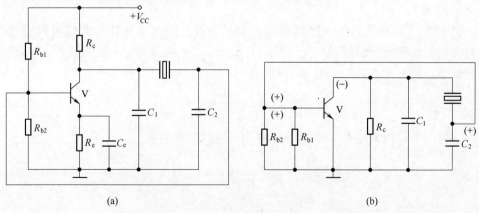

(a)　　　　　　　　　　　(b)

图 5-13　并联石英晶体振荡器原理图和交流通路

（a）原理电路；（b）交流通路

电路的振荡频率为

$$f_o \approx \frac{1}{2\pi\sqrt{LC}} = f_s$$

式中，C 为石英晶体谐振器等效电路中串联支路的电容值。振荡频率 f_o 略大于 f_s，但接近 f_s，可见石英谐振器此时呈感性。

B　串联型晶体振荡电路

图 5-14 是串联型晶体振荡电路原理图和交流通路。当频率等于石英晶体的串联谐振频率 f_s 时，晶体阻抗最小，且为纯电阻。用瞬时极性法可判断出这时电路满足相位平衡条件，而且在 $f = f_s$ 时，由于晶体为纯阻性阻抗最小，正反馈最强，电路产生正弦波振荡。振荡频率等于晶体串联谐振频率 f_s。由此可见，这种振荡电路的振荡频率受石英晶体串联谐振频率 f_s 的控制，具有很高的频率稳定度。

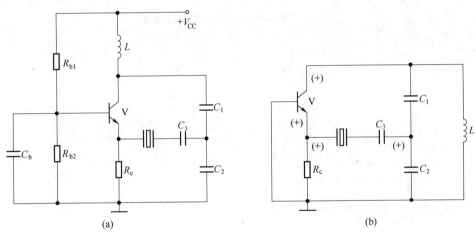

图 5-14　串联型石英晶体振荡器

（a）原理电路；（b）交流通路

5.3　项目实施

5.3.1　元器件的识读与检测

XR-2206 是一种性能优良的单片集成函数发生器芯片。该芯片可以产生高稳定度、高精度的正弦波、三角波和方波，并可通过调节占空比产生锯齿波和脉冲波，还可以通过外加电压的控制或相应的外围电路控制实现振幅调制和频率调制，故可广泛应用于正弦、三角、方波信号源、AM/FM 信号源、扫频信号源、压频转换器、频移键控制（FSK 信号发生器、调制解调器）等。

5.3.1.1　XR-2206 的外形和内部结构

XR-2206 由压控振荡器（VCO）、模拟乘法器和正弦波发生器、增益缓冲放大器、电流开关四个功能块组成，它的外形图如图 5-15 所示，引脚排列如图 5-16 所示。引脚功能见表 5-2。

图 5-15　XR-2206 集成电路外形图

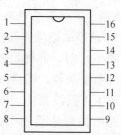

图 5-16　XR-2206 引脚排列图

表 5-2　XR-2206 集成电路的引脚功能

引脚编号	引脚标号	作　用	引脚编号	引脚标号	作　用
1	AMSI	振幅调制信号输入	9	FSKI	频移键控输入
2	STO	正弦波或三角波输出	10	BIAS	内部参考电压
3	MO	乘法器输出	11	SYNCO	同步输出
4	VCC	电源	12	GND	接地
5	TC1	定时电容输入	13	WAVEA1	波形调节输入 1
6	TC2	定时电容输入	14	WAVEA2	波形调节输入 2
7	TR1	时序电阻器 1 输出	15	SYMA1	同步调整 1
8	TC2	时序电阻器 2 输出	16	SYMA2	同步调整 2

5.3.1.2　XR-2206 的检测

（1）非在线测量法。非在线测量法在集成电路未焊入电路时，通过测量其各引脚之间的直流电阻值与已知正常同型号集成电路各引脚之间的直流电阻值进行对比，以确定其是否正常。

（2）在线测量法。在线测量法是利用电压测量法、电阻测量法及电流测量法等，通过在电路上测量集成电路的各引脚电压值、电阻值和电流值是否正常，来判断该集成电路是否损坏。

（3）代换法。代换法是用已知完好的同型号、同规格集成电路来代换被测集成电路，可以判断出该集成电路是否损坏。

5.3.2　音频信号发生器的制作

5.3.2.1　元器件清点和检测

按照表 5-1 音频信号发生器元件清单清点并检测元器件性能。

5.3.2.2　元器件的预加工

对连接导线、电阻器、电容器等进行剪脚、浸锡以及成形加工。

5.3.2.3　电路装配

按图 5-1 所示电路组装。装配工艺要求如下：

（1）电阻器采用水平紧贴电路板的安装方式。电阻器标记朝上，色环电阻的色环标志顺序方向一致。

（2）电容器采用垂直安装方式，底部离电路板 2~5mm。电解电容注意极性。

（3）集成电路 XR-2206 采用垂直安装方式，底部离电路板 5mm，电源可用范围为+10~+26V，建议使用+12V、+15V 或+18V 电源。

（4）插件装配要美观、均匀、端正、整齐，不能歪斜，要高矮有序。焊接时焊点要圆滑、光亮，要保证无虚焊和漏焊。所有焊点均采用直插焊，焊接后剪脚，留引脚头在焊面以上 0.5~1mm。

（5）导线的颜色要有所区别，例如正电源用红线，负电源用蓝线，地线用黑线，信号线用其他颜色的线。

（6）电路安装完毕后不要急于通电，先要认真检查电路连接是否正确，各引线、各连线之间有无短路，外装的引线有无错误。

5.3.2.4　电路调试

接通电源后，观察输出信号波形。若波形正常，调节电位器 R_1 观察波形变化规律，并记录最高和最低频率。若结果不符合要求，可检查更换相应的电阻或电容。若无振荡波形输出，且调节电位器，仍然没有振荡波形输出，检查集成电路的连接是否正确，若集成电路的连接正确，则检查反馈网络有无故障。

复习思考题

5-1　填空题

（1）一般来说，正弦波振荡电路是由_____、_____、_____、_____部分组成。

（2）产生正弦波振荡的条件有两个，一个是幅度条件_____，另一个是相位条件_____。

（3）正弦波振荡电路的选频网络可由_____和_____组成，称为_____振荡电路；也可以由_____和_____组成，称为_____振荡电路。

（4）常用的 *RC* 正弦波振荡电路有_____；常用的 *LC* 正弦波振荡电路有_____。

（5）*RC* 正弦波振荡电路的频率和_____成反比；*LC* 正弦波振荡电路的频率和_____成反比。

5-2　判断题

（1）电路存在正反馈，不一定能产生自激振荡。

（2）电路只要存在负反馈，一定不能产生自激振荡。

（3）集中 *LC* 振荡电路中要使频率稳定度高，应选用变压器反馈式电路。

（4）凡是 *LC* 正弦波振荡电路，则其振荡频率均为 $f_o \approx \dfrac{1}{2\pi\sqrt{LC}}$。

（5）对正弦波振荡电路，只要不满足相位平衡条件，即使放大电路的放大倍数很大，它也不可能产生正弦波振荡。

5-3　试用相位平衡条件判断图 5-17 中各电路，哪些电路能产生正弦波振荡，哪些电路不能。并予以说明。

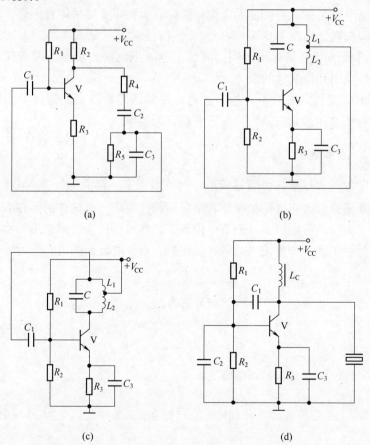

(a)　　　　　　　　　　(b)

(c)　　　　　　　　　　(d)

图 5-17　题 5-3 图

5-4　若石英晶体的参数为 $L_q = 4H$，$C_q = 6.3 \times 10^{-3}pF$，$C_o = 2pF$，$R = 100\Omega$，试求：（1）串联谐振频率 f_s；（2）并联谐振频率 f_p。

5-5　某超外差式收音机本机振荡电路如图 5-18 所示。

（1）若电路能够振荡，在电路中标出振荡绕组的同名端。

（2）说明 C_1、C_2 的作用。若去掉 C_1，电路能否维持振荡，为什么？

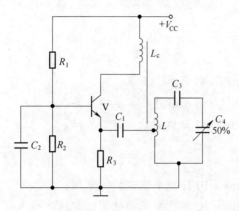

图 5-18　题 5-5 图

项目 6 Multisim 10 电路仿真

知识目标

（1）熟悉 Multisim 10 的菜单、工具；

（2）熟悉 Multisim 10 的元器件库、虚拟仪器仪表库；

（3）熟悉 Multisim 10 的分析功能、操作方法。

能力目标

（1）能够在 Multisim 10 环境中正确搭接电路；

（2）能够在 Multisim 10 环境中正确使用虚拟仪器仪表；

（3）能够在 Multisim 10 环境中正确测量电路参数。

6.1 项目描述

NI Multisim 10 软件是美国 NI 的下属公司推出的，该软件不局限于电子电路的虚拟仿真，在 LABVIEW 虚拟仪器、单片机仿真等技术方面都有更多的创新和提高。

6.1.1 项目学习情境

为了了解电路性能和电路参数，可以在 Multisim 10 软件仿真环境下进行电路仿真分析，如图 6-1 所示。该项目包含按照真实电路在仿真环境中选取虚拟电子

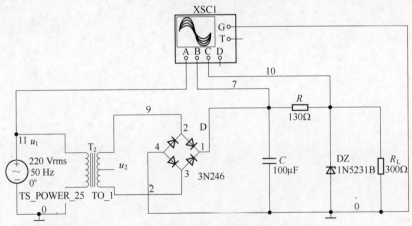

图 6-1 二极管稳压仿真电路

元件、测试仪器仪表，进行电路连线，创建仿真电路，进行仿真环境下电路性能和参数的测试以及电路的调试。

6.1.2 元器件清单

图 6-1 所示桥式整流滤波电路虚拟元器件清单见表 6-1。

表 6-1 元器件清单

序号	元件代号	名称	型号及参数	数量
1	u_1	交流电压源	220V/50Hz	1
2	T	变压器	TS_ POWER_ 25_ TO_ 1	1
3	D	整流桥	3N246	1
4	C	电容	100μF	1
5	R	电阻	130Ω	1
6	DZ	稳压管	1N5231B	稳定输出电压

6.2 知识链接

6.2.1 Multisim 10 的主窗口界面介绍

Multisim 10 用户界面有八个基本组成部分：菜单栏、标准工具栏、虚拟仪器仪表工具栏、元器件工具栏、电路窗口、状态栏、设计工具栏、电路元器件属性窗口。工作界面中的元器件工具栏、虚拟仪器工具栏及其他工具栏均可在相应的菜单下找到，增加工具栏可方便用户操作。启动 Multisim 10 以后，出现以下界面，如图 6-2 所示。启动后会看到主窗口界面，如图 6-3 所示。

NATIONAL INSTRUMENTS
ELECTRONICS WORKBENCH GROUP

T31T38768

Multisim Power Pro Edition

Version 10.0.1

NI Multisim™ 10

10.0.1   *ni.com/multisim*

Initializing: checking for updates......................

图 6-2 Multisim 10 启动界面

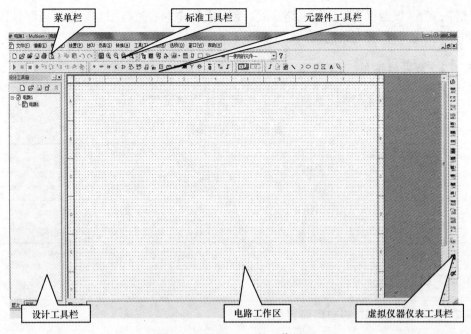

图 6-3　Multisim 10 的工作界面

6.2.2　Multisim 10 的元器件库及其使用

6.2.2.1　电源库

电源库包含接地端、直流电压源、正弦交流电压源、方波电压源、压控方波电压源等多种电源与信号源，如图 6-4 所示。

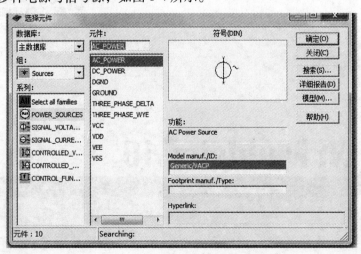

图 6-4　电源库

6.2.2.2 基本元件库

基本元件库包含电阻、电容等多种元件。该库中虚拟元件参数可以任意设置，非虚拟元件的参数是固定的，但可以选择。点击"放置基础元件"按钮，弹出对话框，如图6-5所示。

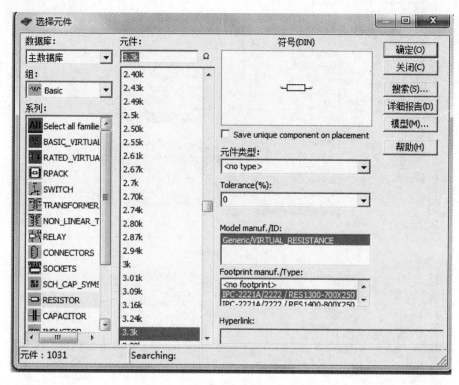

图6-5 基本元件库

6.2.2.3 二极管库

该库包含二极管、晶闸管等多种器件。该库中虚拟元件参数可以任意设置，非虚拟元件的参数是固定的，但可以选择。点击"放置二极管"按钮，弹出对话框的"系列"栏，如图6-6所示。

6.2.2.4 三极管库

三极管库包含三极管、FET等多种器件。该库中虚拟元件参数可以任意设置，非虚拟元件的参数是固定的，但可以选择。点击"放置三极管"按钮，弹出对话框的"系列"栏，如图6-7所示。

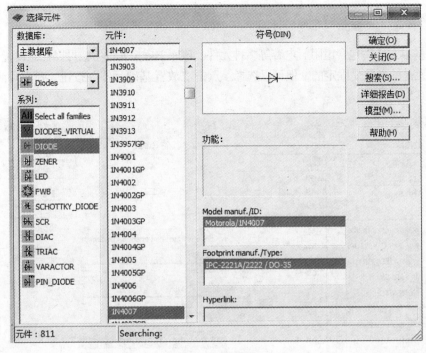

图 6-6 二极管库

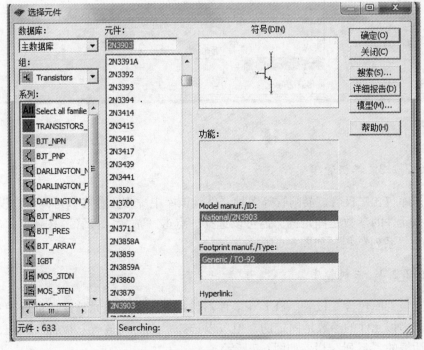

图 6-7 三极管库

6.2.2.5 模拟集成电路库

模拟集成电路库包含多种运算放大器。该库中虚拟元件参数可以任意设置，非虚拟元件的参数是固定的，但可以选择。点击"放置模拟集成电路"按钮，弹出对话框菜单，如图6-8所示。

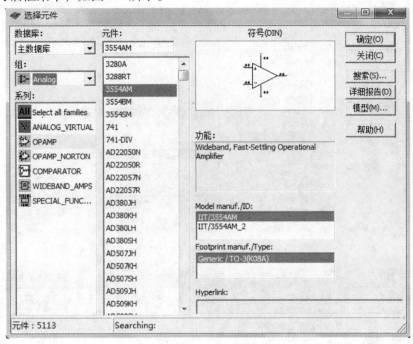

图 6-8 模拟集成电路库

6.2.2.6 TTL 数字集成电路库

TTL 数字集成电路库包含 74 系列和 74LS 系列等 74 系列数字电路器件。点击"放置 TTL 数字集成电路"按钮，弹出对话框菜单，如图 6-9 所示。

6.2.2.7 CMOS 数字集成电路库

CMOS 数字集成电路库包含 40 系列和 74 系列多种 CMOS 数字集成电路系列器件，点击"放置 CMOS 数字集成电路"按钮，弹出对话框菜单，如图 6-10 所示。

6.2.2.8 数字器件库

该库包含 DSP、FPGA、CPLD、VHDL 等多种器件。点击"放置数字器件"按钮，弹出对话框菜单，如图 6-11 所示。

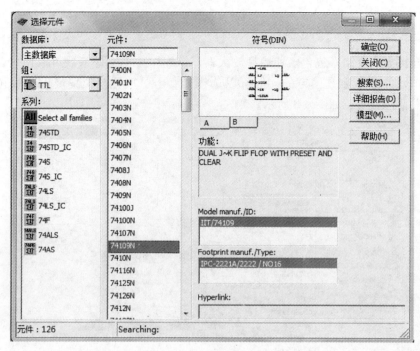

图 6-9　TTL 数字集成电路库

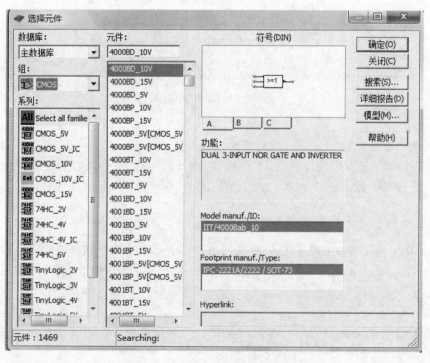

图 6-10　CMOS 数字集成电路库

6.2.2.9 数模混合集成电路库

该库包含 A/D 和 D/A 转换器、555 定时器等多种数模混合集成电路器件。点击"放置数模混合集成电路"按钮，弹出对话框菜单，如图 6-12 所示。

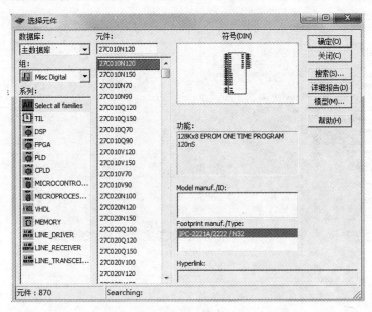

图 6-11 数字器件库

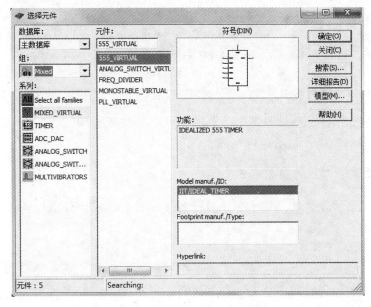

图 6-12 数模混合集成电路库

6.2.2.10　指示器件库

该库包含电压表、电流表、7 段数码管等多种器件。点击"放置指示器"按钮，弹出对话框的"系列"栏，如图 6-13 所示。

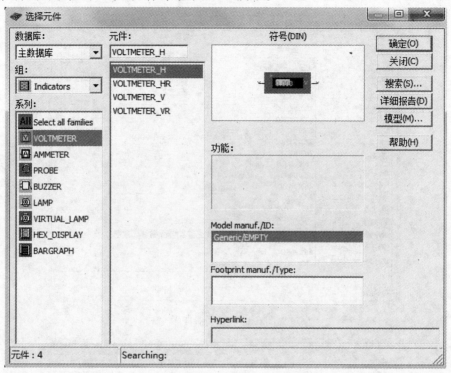

图 6-13　指示器件库

6.2.2.11　杂项元器件库

该库包含晶体、滤波器等多种器件。点击"放置杂项元件"按钮，弹出对话框的"系列"栏，如图 6-14 所示。

6.2.2.12　高级外围设备库

该库主要包含键盘、显示器等多种器件。点击"放置外围设备"按钮，弹出对话框的"系列"栏，如图 6-15 所示。

6.2.2.13　射频元器件库

该库主要包含射频三极管、射频 FET、带状传输线等多种射频元件。点击"放置射频元件"按钮，弹出对话框的"系列"栏，如图 6-16 所示。

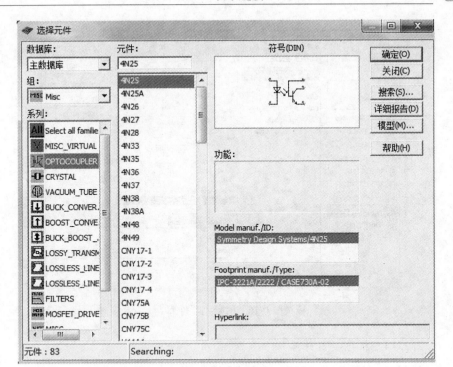

图 6-14 杂项元器件库

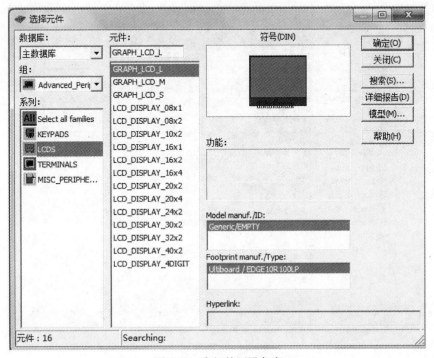

图 6-15 高级外围设备库

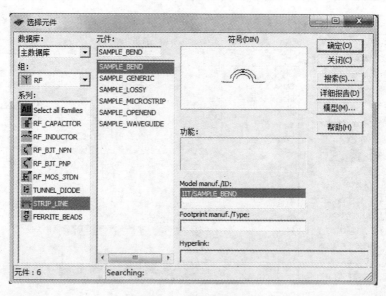

图 6-16　射频元器件库

6.2.2.14　机电类器件库

该库包含开关、继电器等多种机电类器件。点击"放置机电器件"按钮，弹出对话框的"系列"栏，如图 6-17 所示。

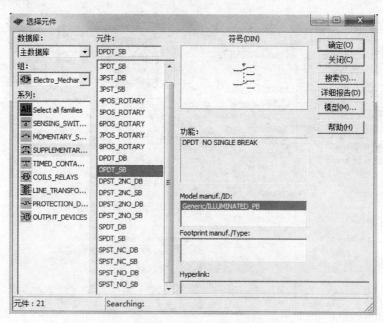

图 6-17　机电类器件库

6.2.2.15 微控制器件库

该库包含8051、PIC等多种微控制器。点击"放置微控制器"按钮，弹出对话框的"系列"栏，如图6-18所示。

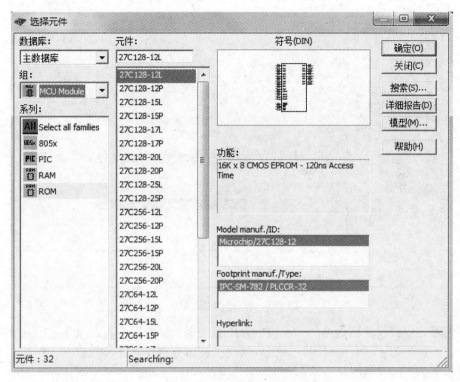

图6-18 微控制器件库

6.2.2.16 电源器件库

该库包含三端稳压器、PWM控制器等多种电源器件。点击"放置电源器件"按钮，弹出对话框的"系列"栏，如图6-19所示。

关于虚拟元件，这里指的是现实中不存在的元件，也可以理解为它们是参数可以任意修改和设置的元件。与虚拟元件相对应，把现实中可以找到的元件称为真实元件或称现实元件。仿真电路中的虚拟元件不能链接到制版软件Ultiboard 8.0的PCB文件中进行制版，真实元件都可以自动链接到Ultiboard 8.0中进行制版。

6.2.3 Multisim 10 的虚拟仪器仪表的使用

Multisim 10 的虚拟仪器仪表，大多与真实仪器仪表相对应，虚拟仪器仪表面

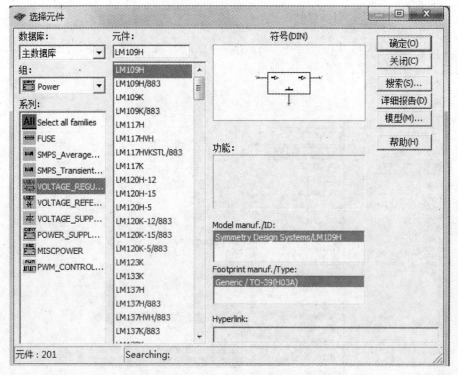

图 6-19　电源器件库

板与真实仪器仪表面板类似，有数字万用表、函数信号发生器、双通道示波器等常规电子仪器，还有波特图仪、失真度仪、频谱分析仪等非常规仪器。用户可根据需要测量的参数选择合适的仪器，将其拖到电路窗口，并与电路连接。在仿真运行时，就可以完成对电路参数量的测量。

6.2.3.1　数字万用表

数字万用表的外观和操作与实际的万用表相似，是一种可以用来测量交直流电压（V）、交直流电流（A）、电阻及电路中两点之间的分贝损耗（dB），自动调整量程的数字显示万用表。万用表有正极和负极两个引线端。用鼠标单击数字万用表面板上的设置按钮，则弹出参数设置对话框窗口，可以设置数字万用表的电流表内阻、电压表内阻、欧姆表电流及测量范围等参数，如图 6-20 所示。

6.2.3.2　函数信号发生器

Multisim 10 提高的函数信号发生器可以产生正弦波、三角波和矩形波，信号频率可在 1Hz~999MHz 范围内调整。信号的幅值以及占空比等参数也可以根据需要进行调整。信号发生器有三个引线端口：负极、正极和公共 COM 端。通常

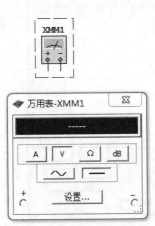
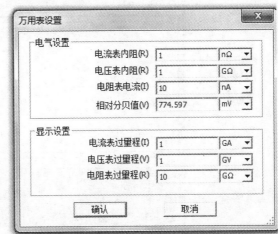

图 6-20 数字万用表图标和参数设置对话框

COM 端连接电路的参考地点，"＋"为正波形端，"－"为负波形端，可同时输出两个相位相反的信号。函数发生器对话框如图 6-21 所示。

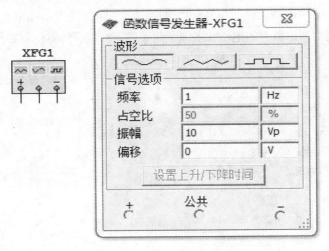

图 6-21 函数信号发生器对话框

6.2.3.3 双通道示波器

Multisim 10 提供的双通道示波器与实际示波器的外观和基本操作基本相同，该示波器可以观察一路或两路信号波形的形状，分析被测周期信号的幅值和频率，时间基准可在秒至纳秒范围调整。示波器图标四个连接点：A 通道输入、B 通道输入、外触发端 T 和接地端 G，如图 6-22 所示。

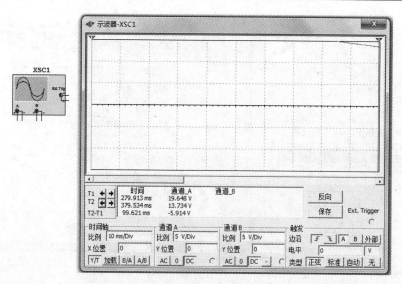

图 6-22　双通道示波器对话框

6.2.3.4　测量探针

Multisim 10 中的测量探针在电路仿真时，将测量探针连接在电路中的测量点，测量探针即可测量出该点的电压、电流和频率值。测量探针对话框如图 6-23 所示。

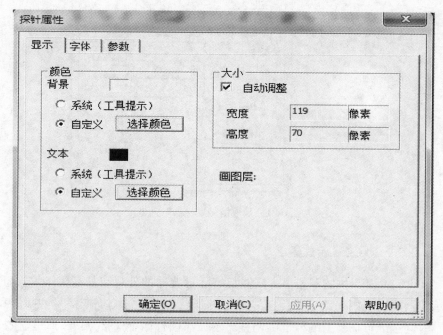

图 6-23　测量探针属性设置对话框

6.3 项目实施

6.3.1 桥式整流稳压电源仿真测试

6.3.1.1 搭建桥式整流稳压仿真电路

按照图 6-24 在 Multisim 10 环境中连接电路。

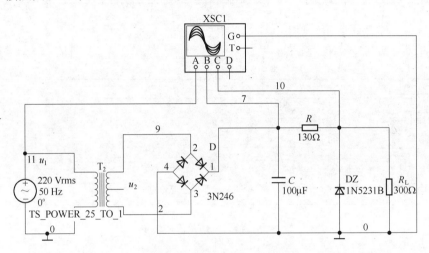

图 6-24 桥式整流滤波电路

6.3.1.2 整流滤波稳压输出电压波形

图 6-24 中示波器采用四踪示波器，可以方便观察输入电压（A 通道）、整流滤波输出电压（B 通道）和稳压输出电压（C 通道）波形，如图 6-25 所示。通过输入电压与整流滤波、稳压后输出电压比较，可以看出该电路可以得到较平滑的直流电压。

6.3.2 稳定静态工作点共射放大电路仿真测试

6.3.2.1 搭建仿真电路

搭建如图 6-26 所示稳定静态工作电路的共射组态放大电路。

6.3.2.2 静态工作点的测试

加入信号源 5mV/1kHz 的交流信号，调节电路使输出信号不失真，测试此时的静态工作点值，如图 6-27 所示，输入（A 通道）、输出（B 通道）电压信号波形如图 6-28 所示。

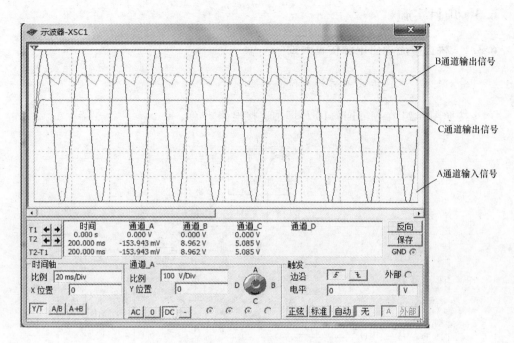

图 6-25 输入、输出电压波形

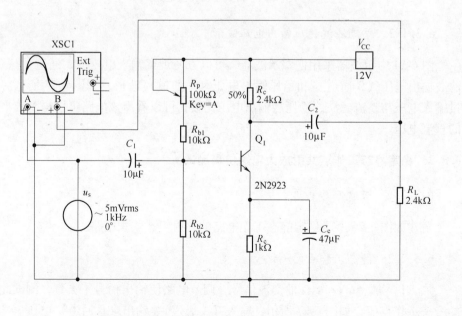

图 6-26 稳定静态工作点共射放大电路的仿真电路

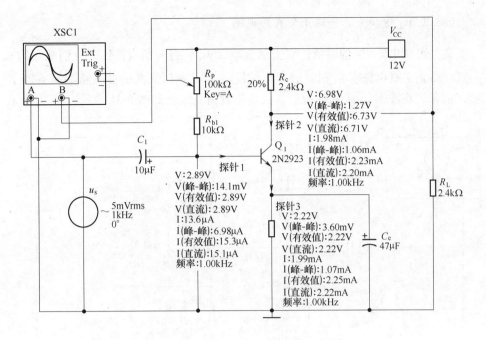

图 6-27　静态工作点的测试

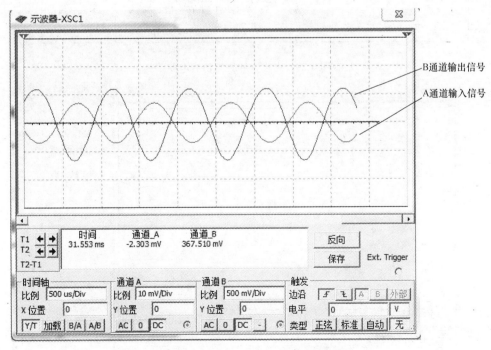

图 6-28　输入、输出电压信号波形图

6.3.2.3　饱和失真和截止失真的观测

调整可调电阻 R_p 的阻值，双击示波器 XSC1，打开仿真按钮，分别观测饱和失真和截止失真电路参数和波形变化情况。出现饱和失真仿真电路如图 6-29 所示，饱和失真波形如图 6-30 所示。截止失真仿真电路如图 6-31 所示，截止失真

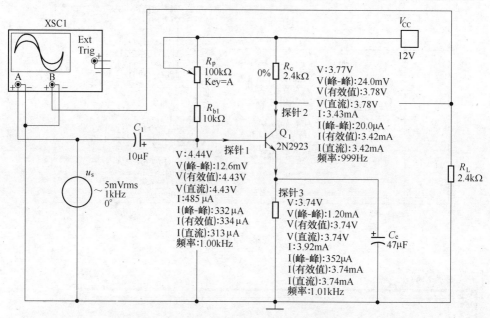

图 6-29　出现饱和失真仿真电路

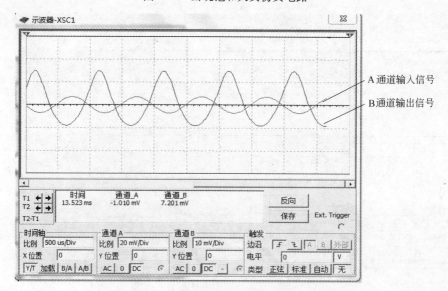

图 6-30　饱和失真波形

波形如图 6-32 所示。

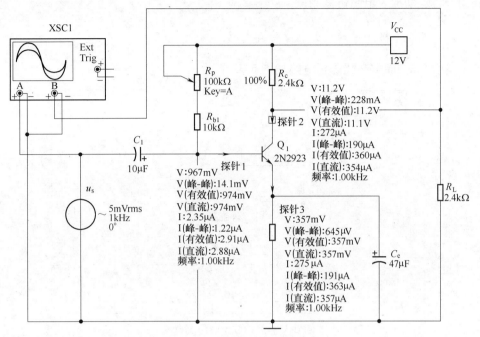

图 6-31   出现截止失真仿真电路

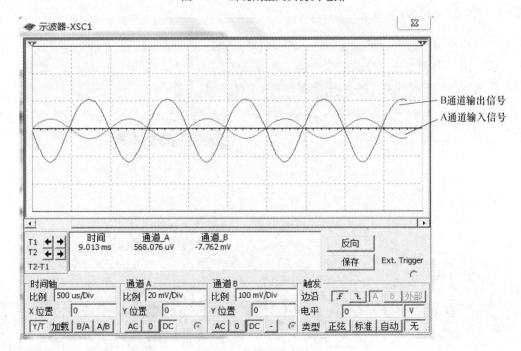

图 6-32   截止失真波形

6.3.3　差动放大电路仿真测试

6.3.3.1　搭建差动放大电路仿真电路

在 Multisim 中搭建仿真电路如图 6-33 所示。

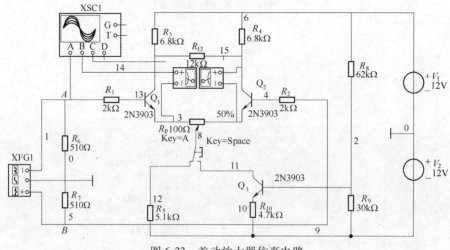

图 6-33　差动放大器仿真电路

6.3.3.2　调节放大器零点

信号源不接入，将放大器输入端 A、B 与地短接，单击仿真开关进行仿真分析，用万用表测量两个输出端电位，调节三极管射极电位器，使万用表的示数完全相同，即调整电路使左右完全对称，如图 6-34 所示。

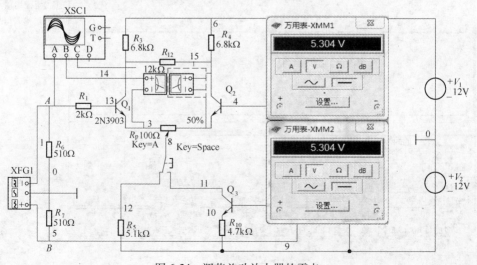

图 6-34　调节差动放大器的零点

6.3.3.3 静态工作点的测试

用万用表测量 Q_1、Q_2 管各电极电位及发射极电阻两端电压 U_{RE}。用电流表接入电路中测出静态工作点的数值，如图 6-35 所示。

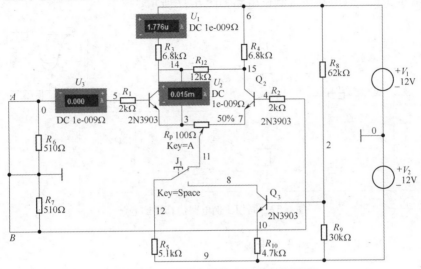

图 6-35 差动放大器静态工作点的测量

6.3.3.4 观察差模输出电压波形

将信号发生器作为差模信号源接入电路，打开仿真开关，双击四踪示波器观察输入、输出信号波形，如图 6-36 所示。

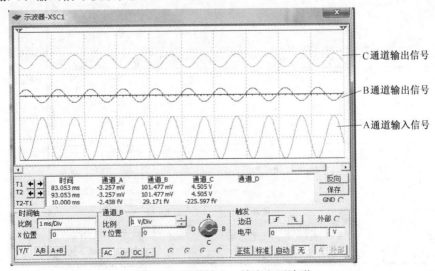

图 6-36 差模输入、输出电压波形

6.3.4　集成运算放大电路仿真测试

6.3.4.1　搭建同相比例运算电路的仿真电路

搭建同相比例电路仿真测试电路如图 6-37 所示。

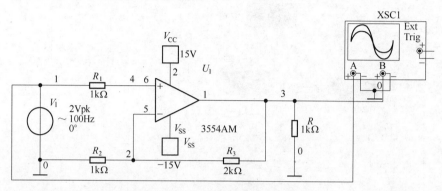

图 6-37　同相比例电路仿真测试电路

6.3.4.2　观察输入输出信号波形

双击示波器观察输入输出电压波形，如图 6-38 所示。根据仿真测试数据验证同相比例运算电路的输出与输入关系。调整 R_2、R_3 的数值，可以得到不同比例关系的运算关系。

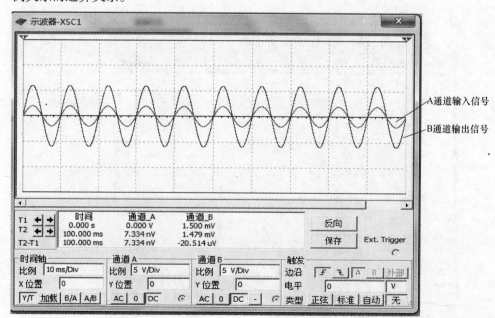

图 6-38　同相比例电路输入、输出电压信号波形

6.3.4.3　加法运算电路仿真测试

搭建比例加法运算电路的仿真电路如图 6-39 所示。

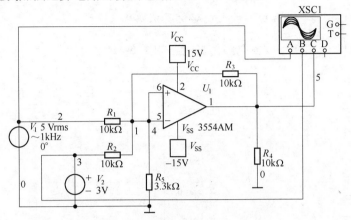

图 6-39　同相加法运算仿真电路

6.3.4.4　观察输入输出信号

双击示波器观察输入输出电压波形，如图 6-40 所示。可以根据测试数据计算输入输出电压比例关系。

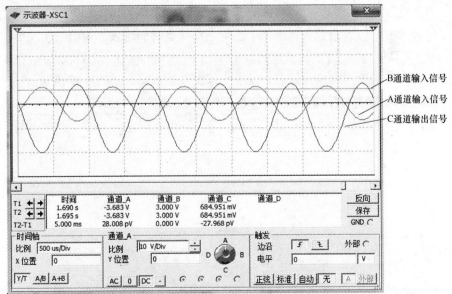

图 6-40　同相加法运算电路输入、输出电压信号波形

根据仿真测试数据验证反相比例运算电路的输出与输入关系。调整 R_1、R_2、

R_3 的数值，重复上一步可以得到不同比例关系的线性求和运算关系。

6.3.5　低频功率放大器仿真测试

6.3.5.1　搭建 OTL 功率放大电路仿真电路

搭建 OTL 低频功率放大电路仿真电路如图 6-41 所示。

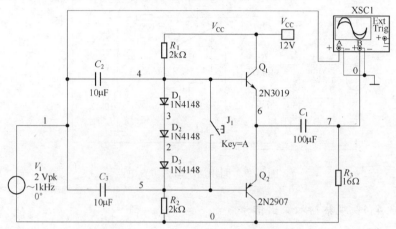

图 6-41　OTL 功率放大电路仿真电路

6.3.5.2　观察交越失真及其消除

　　闭合开关 J_1，观察放大器工作于乙类工作状态时的输入、输出电压波形，会看到输出信号交越失真明显，如图 6-42 所示。断开开关 J_1，OTL 功放工作在甲乙类状态，观察输出和输入波形，发现交越失真被消除，如图 6-43 所示。

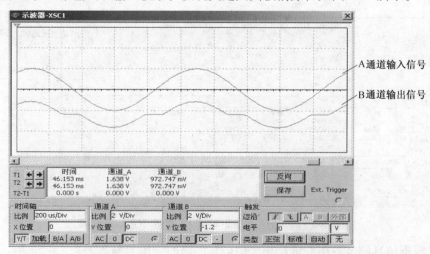

图 6-42　OTL 功放乙类工作状态输入、输出电压波形

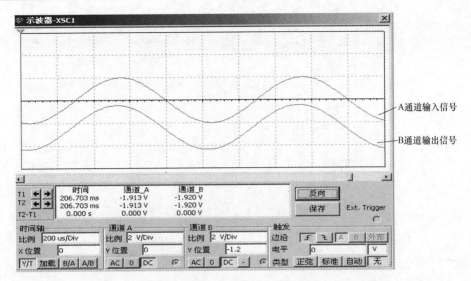

图 6-43　OTL 功放甲乙类工作状态输入、输出电压波形

复习思考题

6-1　二极管电路如图 6-44 所示，用虚拟仪表判断二极管的工作状态，并确定各电路的输出电压 u_o（AB 端为输出端）。

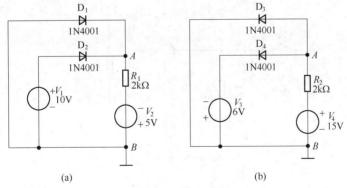

图 6-44　题 6-1 图

6-2　射级输出器如图 6-45 所示，要求：（1）测量放大器的静态工作点（I_{BQ}、I_{CQ} 和 U_{CEQ}）；（2）在示波器中观察输入电流和输出电流，电流放大倍数为多少？

6-3　OTL 功率放大电路如图 6-46 所示，试求：（1）测量放大器静态工作点，在没有信号输入时，两个三极管处于什么工作状态？两个三极管发射极对地电压为多少？（2）通入交流信号后，用示波器观察输入与输出信号电压波形，它们相位和幅度上有什么特点？

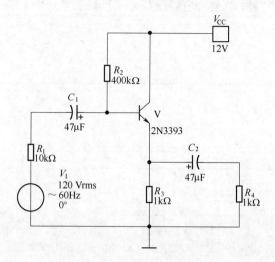

图 6-45 题 6-2 图

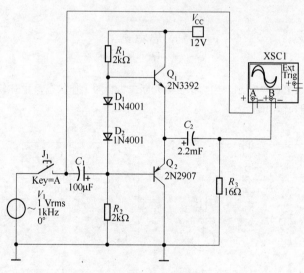

图 6-46 题 6-3 图

参 考 文 献

[1] 童诗白，华成英．模拟电子技术基础［M］．4版．北京：高等教育出版社，2004.

[2] 康华光．电子技术基础［M］．5版．北京：高等教育出版社，2004.

[3] 周良权，傅恩锡，李世馨．模拟电子技术基础［M］．北京：高等教育出版社，2005.

[4] 于晓平．模拟电子技术［M］．北京：清华大学出版社，2005.

[5] 陈梓城．模拟电子技术基础［M］．北京：高等教育出版社，2006.

[6] 陈立成，王平，李常峰，等．模拟电子技术与实训［M］．山东：山东科技出版社，2009.

[7] 华永平．模拟电子技术与应用［M］．北京：电子工业出版社，2010.

[8] 程勇．实例讲解 Multisim 10 电路仿真［M］．北京：人民邮电出版社，2010.

[9] 崔玫，姜献忠．模拟电子技术［M］．北京：清华大学出版社，2011.

[10] 赵洁，周文谊，等．电子技术基础与实践［M］．青岛：中国海洋大学出版社，2011.

[11] 杨永．模拟电子技术设计、仿真与制作［M］．北京：电子工业出版社，2012.

[12] 曲昀卿，杨晓波，李英辉．模拟电子技术基础［M］．北京：北京邮电大学出版社，2012.

[13] 李学明．模拟电子技术仿真实验教程［M］．北京：清华大学出版社，2012.

[14] 崔海良，马文华，等．模拟电子技术［M］．北京：北京理工大学出版社，2013.

[15] 詹新生，张江伟，尹慧，等．模拟电子技术项目化教程［M］．北京：清华大学出版社，2014.

冶金工业出版社部分图书推荐

书　名	作　者	定价(元)
自动检测和过程控制（第4版）（本科教材）	刘玉长	50.00
电工与电子技术（第2版）（本科教材）	荣西林	49.00
计算机网络实验教程（本科规划教材）	白　淳	26.00
FORGE塑性成型有限元模拟教程（本科教材）	黄东男	32.00
机电类专业课程实验指导书（本科教材）	金秀慧	38.00
现代企业管理（第2版）（高职高专教材）	李　鹰	42.00
基础会计与实务（高职高专教材）	刘淑芬	30.00
财政与金融（高职高专教材）	李　鹰	32.00
建筑力学（高职高专教材）	王　铁	38.00
建筑CAD（高职高专教材）	田春德	28.00
矿井通风与防尘（第2版）（高职高专教材）	陈国山	36.00
矿山地质（第2版）（高职高专教材）	陈国山	39.00
冶金过程检测与控制（第3版）（高职高专教材）	郭爱民	48.00
单片机及其控制技术（高职高专教材）	吴　南	35.00
Red Hat Enterprise Linux服务器配置与管理（高职高专教材）	张恒杰	39.00
组态软件应用项目开发（高职高专教材）	程龙泉	39.00
液压与气压传动系统及维修（高职高专教材）	刘德彬	43.00
冶金过程检测技术（高职高专教材）	宫　娜	25.00
焊接技能实训（高职高专教材）	任晓光	39.00
高速线材生产实训（高职高专实验实训教材）	杨晓彩	33.00
电工基本技能及综合技能实训（高职高专实验实训教材）	徐　敏	26.00
单片机应用技术实验实训指导（高职高专实验实训教材）	佘　东	29.00
电子技术及应用实验实训指导（高职高专实验实训教材）	刘正英	15.00
PLC编程与应用技术实验实训指导（高职高专实验实训教材）	满海波	20.00
变频器安装、调试与维护实验实训指导（高职高专实验实训教材）	满海波	22.00
微量元素Hf在粉末高温合金中的作用	张义文	69.00
钼的材料科学与工程	徐克玷	268.00
金属挤压有限元模拟技术及应用	黄东男	38.00
矿山闭坑运行新机制	赵怡晴	46.00